U0160630

钢纤维混凝土基本力学性能及耐久性实验研究

谢晓鹏　高丹盈　著

黄河水利出版社

·郑州·

图书在版编目(CIP)数据

钢纤维混凝土基本力学性能及耐久性实验研究/谢晓鹏,高丹盈著.—郑州:黄河水利出版社,2020.5
ISBN 978-7-5509-2648-6

Ⅰ.①钢… Ⅱ.①谢… ②高… Ⅲ.①金属纤维-纤维增强混凝土-力学性能-实验-研究②金属纤维-纤维增强混凝土-耐用性-实验-研究 Ⅳ.①TU528.572

中国版本图书馆 CIP 数据核字(2020)第 075242 号

出 版 社:黄河水利出版社 　　　　　网址:www.yrcp.com
　　　　　地址:河南省郑州市顺河路黄委会综合楼 14 层　邮政编码:450003
发行单位:黄河水利出版社
　　　　　发行部电话:0371-66026940、66020550、66028024、66022620(传真)
　　　　　E-mail:hhslcbs@ 126. com
承印单位:河南新华印刷集团有限公司
开本:890 mm×1 240 mm　1/32
印张:4.375
字数:126 千字 　　　　　　　　　　　印数:1—1 000
版次:2020 年 5 月第 1 版 　　　　　　　印次:2020 年 5 月第 1 次印刷
定价:36.00 元

前　言

　　我国混凝土结构量大面广,解决混凝土结构的耐久性问题已十分紧迫。所谓混凝土结构的耐久性,是指混凝土结构在自然环境、使用环境及材料内部因素的作用下,在设计要求的目标使用期内,不需要花费大量资金加固处理而保持其安全、使用功能和外观要求的能力。混凝土的抗冻融性能和碳化性能是耐久性的重要研究内容。本文对钢纤维混凝土基本力学性能和抗冻融性能及其抗碳化性能进行了实验研究。

　　结合钢纤维高强混凝土的受力特点,探讨了钢纤维高强混凝土的原材料选择要求和配合比设计,进行了相关的实验。结果表明,采用常规制备工艺可以制备出满足强度和工作性能要求的钢纤维高强混凝土。

　　通过高强混凝土和钢纤维高强混凝土试件的抗压实验、抗拉实验、抗折实验,探讨了钢纤维体积率和混凝土基体强度等级对钢纤维高强混凝土破坏形态和基本力学性能的影响,分别提出了钢纤维高强混凝土抗压强度、抗拉强度、抗折强度和抗压弹性模量的计算公式,为钢筋局部钢纤维高强混凝土板冲切性能的研究提供数据和理论依据。

　　冻融实验以混凝土强度等级和钢纤维体积率为变化参数,共制作了 90 个尺寸为 100 mm×100 mm×100 mm 和 45 个 100 mm×100 mm × 400 mm 的混凝土试件。经冻融循环 50 次和 75 次后,测试试件的基本力学性能。以实验数据为依据,分析了冻融循环次数、混凝土强度等级、钢纤维体积率等因素对钢纤维混凝土冻融后基本力学性能(抗压强度、劈拉强度、抗折强度)及其质量损失的影响规律。研究结果表明,钢纤维提高了混凝土的抗冻性能。

　　碳化实验以混凝土的强度等级、钢纤维体积率、碳化龄期为变化参数,通过对 366 个 100 mm×100 mm×100 mm、183 个 100 mm×100 mm× 400 mm 的混凝土试件进行碳化前后对比实验,分别测试了钢纤维混凝土碳化前后的基本力学性能(抗压强度、劈拉强度、抗折强度)和各个龄期混凝土的碳化深度,观察了钢纤维混凝土受力破坏全过程及其破坏形态,探讨了钢纤维对混凝土的增强机制,分析了钢纤维体积率、混凝土强度等级、碳化龄期等因素对混凝土基本力学性能和碳化深度的影响,提出了钢纤维混凝土抗压强度—碳化深度以及钢纤维混凝土碳化龄期—碳化深度的计算公式。

　　本书的主要内容是作者在攻读研究生期间,在导师高丹盈教授的悉心指导下完成的学术成果。由于作者学识有限,书中疏漏、不当和错误之处,谨请读者批评指正。

谢晓鹏

2020 年 1 月于郑州航空工业管理学院

目　录

第1章 绪 论

本章引入混凝土耐久性的概念,简要介绍了混凝土耐久性研究的必要性、国内外研究现状及混凝土耐久性研究的主要内容。重点对混凝土冻融性能的研究现状及其研究的必要性、混凝土碳化性能的研究现状和研究的必要性及其国内外关于碳化方面目前的系列研究成果做了论述,进而提出了本书的研究工作。

1.1 混凝土耐久性概述

1824年,波特兰水泥问世,人类便开始了应用混凝土建造建筑物的历史,混凝土的耐久性问题也随之出现。早期,主要将混凝土应用于兴建大量的海岸堤防、码头、灯塔等,这些构筑物长期经受外部介质的影响,其中包括物理作用的影响和化学作用的影响,这些作用均导致上述构筑物迅速破坏。因此,早期混凝土耐久性的研究主要集中在了解近海构筑物中混凝土的腐蚀情况。在19世纪40年代,为了探索码头被海水毁坏的原因,法国工程师Buka对水硬性石灰及用石灰和火山灰制成的砂浆性能进行了研究,并著有《水硬性组分遭受海水腐蚀的化学原因及其防护方法的研究》,这是关于海水对水硬性胶凝材料制成的混凝土腐蚀破坏的第一部科研著作。1880~1890年,当第一批钢筋混凝土构件问世并首次应用于工业建筑物时,人们便开始研究钢筋混凝土能否在化学活性物质腐蚀条件下安全使用,以及在工业大气环境中混凝土结构的耐久性问题。

20世纪20年代,随着结构计算理论及施工技术水平的相对成熟,钢筋混凝土结构开始被大规模采用,应用的领域也越来越广阔,因此许多新的耐久性损伤问题逐渐出现,这直接促使人们必须有针对性地对混凝土的耐久性进行研究。20世纪40年代,美国学者T.E.Stanton首先发现并定义了碱-骨料反应,随后在许多国家混凝土结构的耐久性问题受到了重视;1945 年,Powers 等从混凝土亚微观层次入手,分析了孔隙水对孔壁的作用,提出了静水压理论和渗透压理论,开始对混凝土冻融破坏进行研究;1951 年,苏联学者 A.A Baukob、B.M.MockNH 最先开始了混凝土中钢筋锈蚀问题的研究并在大规模研究工作的基础上制定了防腐标准规范,为建筑物具有足够耐久的混凝土结构奠定了基础。进入 20 世纪 60 年代,混凝土结构的使用已经进入了高峰期,同时混凝土结构的耐久性研究也进入了一个高潮,并且开始向系统化、国际化的方向发展。

　　我国从 20 世纪 60 年代开始混凝土结构耐久性的研究。当时的主要研究内容是混凝土的碳化和钢筋的锈蚀。80 年代初,我国对混凝土结构的耐久性进行了广泛而深入的研究,取得了不少成果。中国土木工程学会于 1982 年和 1983 年连续两次召开了全国耐久性学术会议,为随后混凝土结构规范的科学修订奠定了基础,推动了耐久性研究工作的进一步开展。铁道部、交通部和中国土木工程学会等有关部门也结合工程的需要对混凝土结构的腐蚀进行了实验研究,收集了大量的实验数据。1991 年 12 月在天津成立的全国混凝土耐久性学会使我国混凝土结构耐久性的研究朝系统化、规范化的方向迈进了一步。国家科学技术委员会 1994 年组织的国家基础性研究重大项目(攀登计划)“重大土木与水利工程安全性与耐久性的基础研究”也取得了不少研究成果。2000 年 5 月在杭州举行的土木工程学会第九届年会学术讨论会,混凝土结构耐久性是大会的主题之一,会议认为必须要重视混凝土结构的耐久性研究。2001 年 11 月,国内众多相关专家学者在北京举行的工程科技论坛上,就土木工程的安全性与耐久性问题进行了热烈的讨论,混凝土结构耐久性问题得到了前所未有的重视。此外,作为建设部“九五”科技研究课题的《混凝土结构耐久性设计建议》正在编制之中。

　　混凝土结构的耐久性,是指混凝土结构在自然环境、使用环境及材料内部因素的作用下,在设计要求的目标使用期内,不需要花费大量资金加固处理而保持其安全、使用功能和外观要求的能力。

钢筋混凝土结构的耐久性包括材料、构件和结构三个层次。材料的耐久性是基础,它在很大程度上决定了构件、结构的耐久性,要解决钢筋混凝土的耐久性问题,首先必须保证其主要的组成材料——混凝土具有良好的抗老化性能。

1.2 混凝土抗冻融性能研究现状及其研究的必要性

1.2.1 混凝土冻融破坏机制的研究

混凝土的冻融破坏机制研究始于20世纪30年代,1945年,TC. Powers等从混凝土亚微观层次入手,分析了孔隙水对孔壁的作用,提出了静水压理论和渗透压理论。TC.Powers等的研究工作为冻融破坏机制奠定了理论基础。目前,提出的混凝土冻融破坏机制有以下几种:水的离析层理论、静水压理论、渗透压理论、充水系数理论、临界饱水值理论和孔结构理论,其中具有代表性的是静水压理论。

由于混凝土结构冻害的复杂性,至今尚无公认的、完全反映混凝土冻害机制的理论。根据文献[2]的阐述,混凝土是由水泥砂浆和粗骨料组成的毛细孔多孔体,在拌制混凝土时,为了得到必要的和易性,加入的拌和水总要多于水泥的水化水,这部分多余的水便以游离水的形式滞留于混凝土中形成连通的毛细孔,并占有一定的体积。这种毛细孔中的自由水便是导致混凝土遭受冻害的主要因素,因为水遇冷结冰发生体积膨胀,引起混凝土内部结构的破坏。应该指出的是,在正常情况下,毛细孔中的水结冰并不至于使混凝土内部结构遭受严重破坏。因为混凝土中除毛细孔外,还有一些水泥水化后形成的凝胶孔和其他原因形成的非毛细孔,这些孔隙中常混有空气。因此,当毛细孔中的水结冰膨胀时,这些气孔能起到缓冲作用,即能将一部分未结冰的水挤入凝胶孔中,从而减小膨胀压力,避免混凝土内部结构遭受破坏。但当水处于饱和水状态时,情况就完全不同,此时毛细孔中的水结冰,凝胶孔中的水处于过冷状态,因为混凝土孔隙中的冰点随孔径的减小而降低,凝胶孔中形成冰核的温度在-78 ℃以下,凝胶孔中处于过冷状态的水分子因其蒸汽压高于同温度下冰的蒸汽压而向压力毛细孔中冰的界面处渗透,于是在毛细孔中又产生一种渗透压力。此外,凝胶水向毛细孔渗透的结果必然使毛细孔中的冰体积进一步膨胀。由此可见,处于饱和状态的混凝土受冻时,其毛细孔壁同时承受膨胀压力和渗透压力,当这两种压力在混凝土中产生的拉应力超过混凝土的抗拉强度时,混凝土就会开裂。在反复冻融循环后,混凝土中的裂缝会相互贯通,其强度也会逐渐降低,最后甚至会完全丧失,使混凝土由表及里遭受破坏。

　　在冻融过程中混凝土宏观特性呈逐渐下降趋势,主要反映在密实度降低和强度下降,其中抗拉强度和抗折强度反应最为敏感。冻结速率越快对混凝土破坏力越强,冻结温度越低,混凝土受到的破坏越严重。扫描电镜和 X-射线衍射分析表明,混凝土冻融破坏实际上是水化产物结构由密实到疏松的过程,而在这一过程中,又伴随着微裂缝的出现和发展,微裂缝不仅存在于水化产物结构中,而且会使引气混凝土的气孔壁产生开裂和破坏。混凝土的冻融破坏过程是一个物理变化过程。

1.2.2　混凝土抗冻性的主要影响因素

　　混凝土的抗冻性与其内部孔结构、水饱和程度、受冻龄期、混凝土的强度等许多因素有关。而混凝土的孔结构及强度又取决于混凝土的水灰比、有无外加剂和养护方法等。混凝土抗冻性的主要影响因素有:

　　(1)水灰比。对于非引气混凝土,随着水灰比的增大,抗冻耐久性明显降低。

　　(2)含气量。含气量也是影响混凝土抗冻性的主要影响因素,加入最佳量的引气剂,形成在砂浆中均匀分布的气孔对提高混凝土的抗冻性尤为重要。

　　(3)混凝土的饱水状态。一般认为含水量小于孔隙总体积的91.7%就不会产生冻结膨胀压力。

　　(4)混凝土的受冻龄期。混凝土的抗冻性随其龄期的增长而提高。

　　(5)水泥品种。混凝土的抗冻性随水泥活性增高而提高。

（6）骨料质量。混凝土骨料对混凝土抗冻性影响主要体现在骨料吸水率及骨料本身的抗冻性。吸水率大的骨料对抗冻性不利。

（7）外加剂及掺和料等。

1.2.3　混凝土冻融性能研究的必要性和意义

中华人民共和国成立以来,我国兴建了大量的混凝土工程,随着运行时间的加长,混凝土结构的冻融破坏问题日益突出,这不仅影响正常的生产和工作,甚至危及工程的安全运行。

1985年水电部关于混凝土耐久性的调查总结报告中指出:水工混凝土的冻融破坏在三北地区(东北、华北和西北)的工程中占100%。这些大型混凝土工程的运行时间一般在30年左右,有的甚至不到20年,港口码头工程特别是接触海水的工程受冻现象尤为严重。这些工程中,北方港口混凝土受到的冻融破坏较华东地区更严重,破坏的结构主要是防波堤、胸墙、码头和栈桥等。采用普通混凝土的部分结构,经十几年的运行就产生了冻融破坏以致不能发挥作用。地处寒冷地区的混凝土建筑,包括水电站、厂房、桥梁、路面等,接触了雨水、蒸汽或受渗水作用的部分,也都会受到冻融破坏。由此可见,混凝土冻融破坏是引起混凝土结构老化病害的主要原因之一,严重影响混凝土建筑物的长期使用和安全运行。为使这些建筑物继续发挥作用,每年都会消耗巨额的维修费用。根据以往经验,混凝土安全使用期和维护使用期的比例是1∶(3~10),而维护使用期的费用是建设期的1~3倍。因此,开展对混凝土冻融领域的研究有其现实意义。

1.3　混凝土碳化性能研究现状及其研究的必要性

1.3.1　国内外研究现状

20世纪60年代,国际上一些发达国家就开始重视混凝土结构的耐久性问题,在混凝土碳化方面进行了大量的实验研究及理论分析。

首先,在混凝土碳化机制方面已经取得了比较统一完整的认识。其次,对于混凝土碳化影响因素、人工加速碳化及碳化深度检测方面也有了全面的了解。基于这些研究成果,各国工程界相继都把碳化作为混凝土耐久性的一个主要方面纳入了设计规范,国际混凝土学术界已举办过多次有关混凝土碳化的学术讨论会,国际水泥化学会议也报道了混凝土碳化研究的进展,并且每次都有相当数量关于混凝土碳化的论文发表,并从不同角度提出了碳化深度的计算模型。我国在混凝土碳化方面的研究起步较晚,从 20 世纪 80 年代开始研究混凝土碳化与钢筋的锈蚀问题,通过快速碳化实验、长期暴露实验及实际工程调查,研究混凝土碳化的影响因素与碳化深度预测模型,并且取得了可喜的研究成果。

1.3.1.1　混凝土的碳化机制

混凝土碳化是一个复杂的物理化学过程。苏联的一些学者深入研究了这个多相物理化学过程,得到碳化过程受 CO_2 在混凝土孔隙中扩散控制的结论,并由 Fick 第一扩散定律推导得到了经典混凝土碳化理论模型。日本学者还建立了一个混凝土孔结构模型,使得到的碳化公式更加实用。

Ying-yu 等学者主要从孔结构、孔隙大小对碳化的影响方面研究了水泥砂浆的碳化机制。Houst 等研究了孔隙率和混凝土含水量对 CO_2 在硬化水泥浆中扩散的影响。

Saetta 等建立了混凝土碳化过程中水的扩散、CO_2 气流扩散及温度变化之间的微分关系,并引入有限元法求解互相耦连的非线性方程组。

Parrott 用热重分析法研究了混凝土碳化区前缘的物质浓度梯度问题。

叶绍勋根据化学热力学基本原理,计算比较了水泥硬化浆体中液相和固相水化产物发生碳化反应的活性大小及因碳化反应而发生的固相体积变化。

Papadakis 等从化学分析的角度提出:水泥熟料中可碳化的物质不仅有 $Ca(OH)_2$,还有 CSH 及未水化的 C_3S 和 C_2S。他们用化学反应动力学的方法研究了水泥水化和碳化的速率,并利用碳化过程中各可碳化物质的质量平衡条件建立了一个形式为微分方程组的数学模型,并且经过适当简化得到了解析数学模型。该模型的建立还为寻找各种碳化影响因素与碳化深度的关系及研究未完全碳化区的性质提供了理论依据,比前述研究又前进了一步。

混凝土的碳化是指大气中的 CO_2、SO_2、HCl、Cl_2 等酸性气体通过混凝土孔隙扩散到混凝土内部,然后溶解于孔隙液相中,与水泥水化过程中产生的可碳化物质氢氧化钙、硅酸二钙、硅酸三钙等水化产物发生化学反应,形成碳酸钙等物质,导致混凝土 pH 值降低的现象,也称为混凝土的中性化。由于碳化反应的主要产物碳酸钙属于非溶解性钙盐,比原反应物的体积膨胀约17%,因此混凝土的凝胶孔隙将被碳化产物堵塞,使混凝土的密实性和强度有所提高,一定程度上阻碍了二氧化碳和氧气向混凝土内部的扩散。混凝土的碳化可以分为两个过程,一是二氧化碳气体在混凝土内部的扩散、溶解,即物理过程;另一个是化学过程,包括碳化物质的产生及两者的相互作用。

1.3.1.2 混凝土碳化的影响因素

从混凝土碳化的物理化学过程可以知道,影响碳化的最主要因素是混凝土本身的密实性和碱性储备的大小。具体分析,影响混凝土碳化的因素可分为材料因素、环境因素和施工因素三大类。材料因素包括水灰比、水泥品种和用量、骨料品种与级配、外加剂等,主要通过影响混凝土的碱度来影响混凝土碳化;环境因素包括环境相对湿度、温度、压力及 CO_2 浓度等,主要通过影响碳化反应的发生条件来影响混凝土的碳化速度;施工因素包括混凝土搅拌、振捣和养护等条件的影响,主要通过影响混凝土密实性来影响混凝土碳化。

1.3.1.3 碳化深度测定方法及预测的数学模型

碳化深度的测定有三种方法:X 射线法、酚酞试剂测试法和彩虹指示剂法。X 射线法要用专门的仪器,不仅能够测到完全碳化的深度,还能测到部分碳化的深度,适用于实验室的精确测量。酚酞试剂测试法只能测到完全碳化深度,但操作简单,适于现场测量。彩虹指示剂法可以根据反应的颜色判别不同的 pH 值(pH=5~13),因而也可用来测定完全碳化和未完全碳化的深度。由此可见,混凝土碳化的测定方法已比较成熟。

　　文献[2]中列出了 16 种碳化深度预测的数学模型,大都认为碳化深度与时间的平方根成正比,即

$$x_c = \alpha\sqrt{t} \tag{1-1}$$

式中:x_c 为碳化深度;α 为碳化系数;t 为碳化时间。

　　从建立模型的方法看,主要有三种途径:

　　(1)理论模型。国内外的研究成果一致认为,CO_2 在混凝土中的扩散遵循 Fick 第一扩散定律,即 CO_2 的扩散速度与 CO_2 的浓度梯度成正比。理论模型是从 Fick 第一扩散定律出发,推导出碳化深度的计算模式,其中具有代表性的是苏联学者阿列克谢耶夫建立的数学模型和希腊学者 Papadakis 建立的解析模型,最近同济大学的蒋利学又推导出一种模型,该模型是阿列克谢耶夫模型的一个改进。

　　(2)实验模型。通过实验确定式(1-1)中的 α,各经验公式的差别主要在于 α 的不同,由于不同的学者考虑的影响因素不同,因此得到了众多的预测模型,其中具有代表性的有黄士元式、朱安明式、Nishi 式等。

　　(3)基于扩散理论与实验的模型。同济大学张誉等在全面分析混凝土碳化机制和影响因素后,基于碳化理论分析与实验结果给出了混凝土碳化的数学模型。

1.3.1.4　混凝土碳化的研究方法

　　混凝土自然碳化进程缓慢,实验周期长,研究起来十分困难,所以目前对混凝土碳化的研究主要是建立在实验室中人工快速碳化的基础上的。但是在自然碳化和人工碳化两种不同的条件下,碳化所经历的时间和碳化时混凝土所处的龄期差别很大,两种方法形成的碳化过程的差别及其相关性是人们普遍关心的。张令茂等在长达 10 年的自然碳化实验基础上,做了对应的人工碳化实验,证明两种方法下的混凝土碳化规律都基本符合公式 $x_c = \alpha\sqrt{t}$,初步建立了人工碳化和自然碳化速率的相关公式,说明混凝土在自然条件下的碳化是可预测的。国家标准《普通混凝土长期性能和耐久性能试验方法标准》(GB/T 50082—2009)规定了室内快速碳化的实验方法。

1.3.1.5 碳化混凝土力学性能的研究现状

碳化混凝土力学性能研究结果表明,混凝土碳化后抗压强度提高,延性降低,其静力弹性模量的变化正比于强度的变化,具有明显的脆性,对抗震不利。同济大学建筑改造加固研究所的一组实验结果明显地表明了这种影响,给出了典型的碳化混凝土应力—应变关系对比曲线,对这一现象的解释是碳化造成混凝土空隙率下降,提高了混凝土的密实度,导致其抗压强度提高。

此外,碳化使混凝土产生碳化收缩。这是由于在碳化过程中,CO_2与$Ca(OH)_2$反应放出大量的水分,混凝土碳化层产生的碳化收缩,对核心形成压力,表面碳化层产生拉应力,可能产生细裂缝。

1.3.1.6 碳化混凝土的本构关系

碳化混凝土的本构关系目前研究较少。范子彦采用室内快速碳化制作了三组不同强度等级的试件,测量其抗压强度,通过碳化区域面积比 α 来考虑截面碳化部分的面积,并用系数 β 来反映混凝土强度等级的影响,得出部分截面碳化的混凝土应力—应变关系,但没有反映出碳化混凝土下降段的特性。李检保进行了类似的实验,测出了应力—应变曲线的下降段,由实验结果得出考虑下降段的完全碳化混凝土的本构关系。

1.3.1.7 碳化混凝土构件的力学性能

材料性质研究的目的是探明它对构件和结构性能的影响,因此对混凝土碳化现象的研究如果仅仅停留在材料的层次上没有实际的工程意义。目前,国内外关于碳化对混凝土构件的影响主要集中体现在混凝土碳化所引起的钢筋锈蚀、降低构件极限承载力和耐久性等方面,这固然是碳化对混凝土构件性能影响的主要方面,但混凝土碳化后自身性能的变化也是影响混凝土构件性能的重要方面。如前所述,碳化后混凝土本构关系发生了变化,必然会引起构件力学性能的改变,目前这方面的研究还很少。文献[7]认为,实验表明混凝土碳化后其强度通常会提高,但这种提高对混凝土结构的意义不大,因为只有表面区域的混凝土被碳化,而这只占所考虑混凝土的一小部分。该结论只注意到混凝土结构的强度,却忽视了一个重要的方面,即混凝土碳化对构件的变形和延性产生明显的影响,范子彦和李检保的实验研究已经证明了这一点。在碳化混凝土本构关系研究的基础上,范子彦和李检保分别对碳化混凝土梁受弯特性进行了实验研究,认为混凝土碳化引起梁的承载力提高,但梁的屈服挠度和极限挠度要小于相应的未碳化混凝土梁,变形能力降低,其影响程度随碳化深度和配筋率的不同而变化。文献[21]对混凝土梁碳化后的性能进行了数值分析,分析结果与实验结果较吻合。

肖建庄将碳化混凝土本构关系引入混凝土框架柱的全过程非线性分析中,初步揭示了新建混凝土和碳化混凝土框架柱抗震性能的差异。研究结果表明,混凝土碳化后自身强度的提高,致使框架柱的实际轴压比降低,大致抵消了由于碳化本身引起的混凝土延性降低。但钢筋与碳化混凝土的黏结力可能会降低,碳化后框架柱试件易发生延性差的黏结破坏。

1.3.1.8　混凝土碳化对结构耐久性的影响

碳化使混凝土的碱度降低,碳化后,完全碳化区的 pH 值由 13 左右降至 9 以下,钢筋表面的钝化膜可能发生破坏而导致钢筋锈蚀。铁锈($Fe_2O_3 \cdot Fe_3O_4 \cdot H_2O$)的体积一般要增长 $2 \sim 4$ 倍,对结构造成三方面的不利影响:

(1)铁锈的生成造成钢筋截面减小,构件承载能力降低。

(2)铁锈体积膨胀,使混凝土保护层胀裂甚至脱落,严重影响结构的正常使用。

(3)铁锈将破坏钢筋与混凝土的黏结,钢筋与混凝土的协同工作能力降低,甚至造成整个构件失效。

由此可见,混凝土碳化引起的钢筋锈蚀对混凝土结构耐久性影响十分严重。通过研究碳化速度,估计出碳化至钢筋表面所需要的时间,从而确定混凝土结构的耐久性或保护层厚度。

1.3.1.9　碳化对混凝土结构鉴定的影响

在结构鉴定中,人们往往只注意碳化引起的钢筋锈蚀对结构承载力的影响,而忽略了碳化混凝土自身性能改变对结构的影响。如前所述,碳化会引起混凝土结构延性的降低,对结构抗震不利,而现行混凝土结构设计规范和鉴定标准都没有考虑混凝土碳化后的性能改变,按未碳化混凝土性能设计的结构,经多年碳化后,可能变成是不安全的;改造旧房时,套用现行混凝土设计规范,按未碳化混凝土性能进行鉴定,可能会过高估计结构承载力和抗震性能,造成计算结果失真。碳化混凝土结构抗震性能的研究是一个全新的课题,目前国内外还没有人系统地从事这方面的研究,但混凝土碳化对结构抗震性能的影响却是不容忽视的。《建筑抗震设计规范》(2016 年版)(GB 50011—2010)要求抗震结构体系应具备良好的变形性能和耗能能力,并规定混凝土结构在多遇地震作用下,其层间弹性位移应不超过某一规定值。当混凝土结构发生不同程度碳化后,构件的强度和刚度提高,而延性降低,强度和刚度的提高会使结构受到的地震作用增加,延性降低会使结构和构件的耗能能力降低,因此混凝土碳化后会削弱混凝土结构的抗震能力,在进行混凝土结构鉴定时应适当考虑碳化对抗震性能的影响。

但是,无论是国外还是国内,对混凝土碳化的研究主要集中在材料本身组成变化、碳化影响因素、碳化深度预测以及由于混凝土碳化引起钢筋锈蚀而最终导致整个结构耐久性降低等方面,而对于碳化可能引起混凝土自身力学性能的变化,相对研究的较少。碳化引起混凝土组成成分以及孔隙率、孔结构的变化必然要引起其强度、延性和混凝土结构构件受力性能的改变。如果说前者能够为混凝土耐久性设计和碳化预防提供依据的话,那么后者则更偏重于为现有或已进入老化期建筑结构物承载力、抗震性能的鉴定、检测和评估建立理论基础。

1.3.2 混凝土碳化研究的目的和意义

Mehta 教授在 1991 年召开的第二届混凝土耐久性国际学术会议上做了题为"混凝土耐久性——50 年进展"的主题报告,报告中指出:当今世界,混凝土结构的破坏原因按重要性排列为:混凝土中的钢筋锈蚀、寒冷气候下的冻害、侵蚀环境的物理化学作用。钢筋锈蚀的原因是混凝土碳化,降低了混凝土的碱度,破坏了钢筋表面的钝化膜,使混凝土失去了对钢筋的保护作用。所以,混凝土的碳化也是混凝土耐久性问题的重要方面。对混凝土碳化现象进行研究,掌握其发生原因、发展规律,以及所引起的材性的变化规律,有利于从本质上解决混凝土的碳化问题,选择更加合理的材料,采取必要和有效的防护措施,消除或延缓混凝土碳化进程,以保证建筑物在设计基准期内满足良好的安全和使用要求。同时,通过对混凝土碳化规律的研究,能够为准确预测已有建筑物的剩余使用年限提供必要的理论依据。

由于混凝土碳化是一个复杂的物理化学过程,因而必然要引起自身组成及结构的变化并由此改变其力学性能。因此,开展这方面的研究工作,深入了解碳化混凝土的受力性能,无论对新建筑物耐久性设计,还是对旧建筑物现有承载能力进行评估或剩余耐久年限预测,将提供最合理、最有说服力的理论依据。

目前,由于混凝土的碳化而引起建筑物耐久性失效的现象越来越严重。在美国洲际公路网的五六十万座桥梁中,处于严重失效状态的有近九万座。仅 1969 年用于修复公路桥面板钢筋因碳化而腐蚀破坏的费用高达 9 亿美元,1978 年则增至 63 亿美元。我国钢筋混凝土建筑物的"老龄化"问题也越来越严重。据统计,我国已有 50% 的建筑物进入老化期,许多现有的工业厂房和民用建筑因混凝土碳化而面临严重的耐久性问题。20 世纪 80 年代,水电部在全国水工混凝土耐久性调查中发现:有的水电站运行仅 10 年,部分构件的混凝土碳化深度已经超过钢筋的保护层厚度,有的水闸运行 20 余年碳化深度已经达 6 cm。在所调查的 130 余根工作大梁中,已有 102 根钢筋锈蚀而出现顺筋裂缝。对全国 32 座大型混凝土坝和 46 座钢筋混凝土闸、涵、渡槽调查表明:混凝土碳化以及由此引起的钢筋锈蚀是影响混凝土耐久性危害性大、后果严重的病害,并且此类病害占调查总数的 40% ~ 50%。由此可见,展开混凝土碳化的研究是一项刻不容缓而又具有长远意义的工作。

1.4　本书的主要研究内容

混凝土是土木工程的主导材料。但传统混凝土性能较差,目前工业发达国家的建筑工业总投资的 40% 以上用于现存或已有结构物的修补和维护。对现代的土木工程结构、新的结构形式及在特殊环境条件下的结构物的建造需要轻质、高强、耐久性良好的新型建筑材料,钢纤维混凝土作为新兴的建筑材料,由于其优异的性能,已在工程实践中广泛应用并取得了良好的技术经济效益。国内外大量学者对于钢纤维混凝土的冻融和碳化性能目前研究得很少。因此,本书通过一系列冻融和碳化实验对钢纤维混凝土进行了研究,为钢纤维混凝土结构耐久性设计和分析提供实验依据,以促进钢纤维混凝土生产技术的发展及在工程中的推广和应用。

本次实验主要是通过变换实验参数,如钢纤维体积率、混凝土强度等级、冻融次数、碳化龄期等,参照《钢纤维混凝土试验方法》(CECS 13:89),对钢纤维混凝土进行如下实验研究:

(1)通过56组168个试件尺寸为150 mm×150 mm×150 mm(其中28组84个立方体试件用于测试抗压性能,28组84个立方体试件用于测试抗拉性能)、10组30个试件尺寸为100 mm×100 mm×400 mm、10组60个试件尺寸为150 mm×150 mm×450 mm的高强混凝土和钢纤维高强混凝土试件的抗压实验、劈裂抗拉实验、抗折实验和受压弹性模量实验,探讨钢纤维体积率和混凝土基体强度等级对钢纤维高强混凝土的基本力学性能(抗压性能、抗拉性能、抗折性能及弹性模量)和破坏形态的影响,并建立基本力学性能指标的计算公式。

(2)钢纤维混凝土冻融实验。

冻融实验以混凝土强度等级和钢纤维体积率为变化参数,共制作了90个尺寸为100 mm×100 mm×100 mm和45个尺寸为100 mm×100 mm×400 mm的混凝土试件。冻融循环(50、75次)后,测试试件的基本力学性能。以实验数据为依据,分析冻融循环次数、混凝土强度等级、钢纤维体积率对钢纤维混凝土冻融后基本力学性能(抗压强度、劈拉强度、抗折强度)及其质量损失的影响规律。

(3)钢纤维混凝土碳化实验。

碳化实验以混凝土的强度等级、钢纤维体积率、碳化龄期为变化参数,通过对366个尺寸为100 mm×100 mm×100 mm、183个尺寸为100 mm×100 mm×400 mm的混凝土试件进行碳化前后对比实验,分别测试钢纤维混凝土碳化前后的基本力学性能(抗压强度、劈拉强度、抗折强度)和各个龄期混凝土的碳化深度,观察钢纤维混凝土受力破坏全过程及其破坏形态,探讨钢纤维对混凝土的增强机制,分析钢纤维体积率、混凝土强度等级、碳化龄期对混凝土基本力学性能和碳化深度的影响,提出钢纤维混凝土抗压强度—碳化深度以及钢纤维混凝土碳化龄期—碳化深度的计算公式。

参考文献

[1] 金伟良,赵羽习.混凝土结构耐久性[M].北京:科学出版社,2002:10-13.

[2] 牛荻涛.混凝土结构耐久性与寿命预测[M].北京:科学出版社,2002:7-9.

[3] 李文伟,陈文耀.混凝土碳化深度预测[C]//第五届全国混凝土耐久性学术交流会论文集.北京:中国水利水电出版社,2000:121.

[4] 覃维祖.混凝土的碳化和耐久性[C]//第五届全国混凝土耐久性学术交流会论文集.北京:中国水利水电出版社,2000:321-323.

[5] 魏宝明,储炜,汪鹰,等.腐蚀科学与防腐蚀工程技术新进展[M].北京:化学工业出版社,1999:8.

[6] 罗骐先,傅翔,宋人心,等.混凝土碳化影响因素综述[C]//第五届全国混凝土耐久性学术交流会论文集.北京:中国水利水电出版社,2000:381.

[7] 乔生祥.水工混凝土缺陷检测和处理[M].北京:中国水利水电出版社,1997:253.

[8] 乌日波利亚维丘斯(苏).钢筋混凝土结构中混凝土强度评定与无破损检测法[M].北京:人民交通出版社,1991.

[9] 黎学明,张胜涛,黄宗卿,等.钢筋腐蚀监测的光纤传感技术[J].腐蚀科学与防护技术,1999,11(3):169.

[10] 赵筠.混凝土碳化及处理方法[C]//第五届全国混凝土耐久性学术交流会论文集.北京:中国水利水电出版社,2000.

[11] 龚洛书,刘春圃.混凝土的耐久性及其防护修补[M].北京:中国建筑工业出版社,1990:66-68.

[12] 吴中伟.水泥混凝土面临的挑战与机会[J].混凝土与水泥制品,1996(1):22.

[13] 柳炳康,吴胜兴,周安.混凝土结构鉴定与加固[M].北京:中国建筑工业出版社,2000:55-57.

[14] A M Neville.混凝土的性能[M].李国浮,马贞勇,译.北京:中国建筑工业出版社,1983:68-71.

[15] 范子彦.碳化混凝土的抗压强度[D].上海:同济大学,1997.

[16] 李检保.混凝土碳化及其碳化后力学性能试验与分析[D].上海:同济大学,1997.

[17] 蒋利学.混凝土碳化深度计算模型及试验研究[D].上海:同济大学,1996.

[18] 张令茂,江文辉.混凝土自然碳化及其与人工加速碳化的相关性研究[J].西安冶金建筑学院学报,1990,(9):110-111.

[19] 鲁莉,梁发云,刘祖华.混凝土碳化后的受压应力—应变关系[J].住宅科技,1999,(4):77-78.

[20] Ian.Sims.The Assessment of Concrete for Carbonation.Concrete,Nov/Dec,.1994.

[21] 梁发云.碳化后混凝土基本构件力学性能研究[D].上海:同济大学,1998.

[22] 肖建庄.钢筋混凝土框架柱轴压比限值研究[D].上海:同济大学,1997.

[23] 朱伯龙,刘祖华.混凝土旧房改造应有自己的规范[J].结构工程师,1996,(2):11-12.

[24] 梁发云,刘祖华.碳化对旧混凝土结构检测与鉴定的影响[J].住宅科技,1998,(4):33-34.

第2章 钢纤维高强混凝土 基本力学性能实验研究

本章简述了钢纤维混凝土国内外研究概况及近年来国内外在钢纤维高强混凝土方面的实验研究,引述了比较有影响的两个钢纤维增强混凝土基本理论。阐述了配制钢纤维高强混凝土的原材料选择要求及其配合比设计。通过钢纤维高强混凝土抗压强度、抗拉强度、抗折强度及弹性模量的实验,探讨了钢纤维体积率和混凝土基体强度等级对钢纤维高强混凝土基本力学性能和破坏形态的影响,分别提出了钢纤维高强混凝土抗压强度、抗拉强度、抗折强度及弹性模量的计算公式,为局部钢纤维高强混凝土板冲切性能实验研究提供基础数据和理论依据。

2.1 钢纤维混凝土及钢纤维高强混凝土

2.1.1 钢纤维混凝土

混凝土作为一种广为采用的工程材料,其使用量越来越大,应用领域遍及工业与民用建筑工程、水利工程、交通工程、军事工程、海洋工程等土木工程领域。同时,混凝土材料的力学性能和使用性能也在不断改善,高强混凝土也得到了推广应用。但由于混凝土材料本身所固有的孔、裂缝及其他原始缺陷使其存在抗拉强度低、延性差、脆性大等缺点,尤其在高强混凝土中表现得更为突出,这在很大程度上影响和阻碍混凝土材料的进一步发展。为了从根本上改善混凝土这种具有优良抗压性能的材料在抗拉、阻裂和延性等方面的先天不足,在混凝土中掺入乱向分布、弹性模量较高的短细钢纤维是改善混凝土性能的有效措施。

钢纤维混凝土是由钢纤维、水泥、砂、石和水以及必要的外加剂按一定的比例配制经凝结硬化后形成的高性能复合材料。钢纤维混凝土出现在20世纪初,在1907~1908年,苏联专家开始用金属纤维增强混凝土。1910年,美国Porter就发表了有关钢纤维混凝土的第一篇论文。1911年,美国的Graham把钢纤维掺入钢筋混凝土中,做了有关短纤维增强混凝土的研究报告。到20世纪40年代,由于军事工程的需要,英、美、法、德、日都相继开展了研究,发表了一些专利,但进展并不大,因为这些研究和专利几乎都没能说明钢纤维对于混凝土的增强机制。钢纤维混凝土真正进入实用化研究是在20世纪60年代初。1963年,美国的Romuoldi发表了钢纤维约束混凝土裂缝发展机制的研究报告,才使这项研究真正进入一个新的发展时期。20世纪70年代,钢纤维混凝土的研究工作开展迅速,同时也伴随着商业性钢纤维的出现。美国、英国、日本、澳大利亚等国家的研究工作开展得较深入,进入了实用阶段。美国、日本等国先后编制了钢纤维混凝土的实验方法标准和设计施工规程。这些规程的制定对推动钢纤维混凝土的应用起了极大的作用。

我国对钢纤维混凝土基本理论的研究开始于20世纪70年代,大连理工大学、哈尔滨建筑大学、东南大学、中国建筑科学研究院、西安空军工程学院、空军工程设计研究局等单位对这种新型复合材料进行了若干基本物理力学性能的实验研究,进入20世纪80年代后,这一领域的实验研究有了迅速的开展。为了更好地推动钢纤维混凝土的发展,在中国土木工程学会下专门设立了纤维混凝土委员会,积极组织开展国内外学术交流,从1986年9月在大连召开第一届全国纤维水泥与纤维混凝土学术会议至今共举办了十一届全国纤维水泥与纤维混凝土学术会议。《纤维混凝土结构技术规程》(CECS 38:2004)和《钢纤维混凝土试验方法》(CECS 13:89)的颁布和实施,标志着钢纤维混凝土的研究与工程应用在我国的发展达到了一个新的阶段,在某些方面的研究与应用处于国际领先地位。

2.1.2 钢纤维高强混凝土

钢纤维高强混凝土是在高强混凝土基体中掺入适量钢纤维和外加

剂所形成的一种混凝土复合材料,它兼具高强混凝土的高强度和普通钢纤维混凝土的延性和韧性好的特征。为了探讨钢纤维高强混凝土及其配筋构件的力学性能,国内外学者进行了初步的实验研究和理论分析。

Tat-Seng Lok 等和 H.V.D.Warakanath 等分别对钢纤维高强混凝土的弯曲韧性和钢纤维高强混凝土的抗弯强度进行了实验研究,综合评价了钢纤维高强混凝土抗弯性能,给出了合理的抗弯强度计算公式。

Samir A.Ashour 等对钢筋钢纤维高强混凝土梁的抗剪性能进行了实验研究。实验结果表明:钢纤维的加入,提高了混凝土梁的韧性,抑制了裂缝的发生和发展,改善了梁的破坏形式,提高了抗剪强度;同时,由于加入钢纤维,提高了梁的刚度,减小了给定荷载下的挠度。

东南大学的刘伟庆等以钢纤维体积率(0、1.0%、1.5%)和钢纤维混凝土强度等级(CF60~CF80)为变量,对 13 根钢筋钢纤维高强混凝土梁进行了实验研究。实验结果表明:钢纤维高强混凝土梁与相应的钢筋混凝土梁相比,抗裂荷载提高 35%~50%,承载能力提高 10%左右。

大连理工大学张远鹏等采用剪切型、熔抽型和贝卡尔特型钢纤维,对钢纤维体积率为 0、0.5%、1.0%、1.5%、2.0%,混凝土强度为 CF60~CF80 的钢纤维高强混凝土抗压强度、劈拉强度和抗剪强度进行了实验研究。

同济大学姚武通过将体积率为 0.6%~1.8%的短切钢纤维与 C60~C80 高强混凝土复合,研究了钢纤维高强混凝土的抗压、劈拉等参数的规律。

浙江大学的林旭健以钢纤维体积率(0、0.5%、1.0%、1.5%、2.0%)和纵筋配筋率为变量研究了 CF60 钢纤维高强混凝土板柱连接体系冲切性能。实验研究表明:钢纤维的存在,使混凝土冲切板的承载力有较大提高、刚度增加,同等荷载下,钢纤维高强混凝土板的中心挠度和板面转动量降低等。

笔者所在的课题组近年来对强度等级为 CF60 的钢纤维高强混凝土的基本力学性能也进行了一系列的实验研究和理论分析。

2.1.3　钢纤维增强混凝土基本理论

钢纤维混凝土的增强机制是其表现出的一切物理力学性能的内在本质。关于钢纤维混凝土的增强机制,目前存在着两种观点:一种是以连续纤维复合材料理论为基础,结合钢纤维在混凝土中的分布特点而形成的复合力学理论,以 Swamy、Naaman、Hannant 等为代表;一种是以断裂力学为基础,将钢纤维作为裂缝的约束体来解释其阻裂增强作用而形成的纤维间距理论(也称纤维阻裂理论),以 Romuoldi、Batson 等为代表。

2.1.3.1　复合力学理论

复合力学理论将钢纤维增强混凝土看作是一种纤维强化多相体系,假定钢纤维与基体不产生横向变形,开裂前钢纤维和基体黏结良好,有相同的弹性变形,应用混合原理推导钢纤维混凝土的应力、弹性模量和强度等,并引入钢纤维方向系数和长度系数,考虑在拉伸应力方向上有效钢纤维体积率的比例和非连续性短钢纤维应力沿钢纤维长度的非均匀分布。

按照复合力学理论得到钢纤维混凝土抗拉强度的计算公式为

$$f_{f_t} = f_t(1 - V_f) + \eta_0\eta_1\tau\frac{l_f}{d_f}V_f \tag{2-1}$$

式中:f_t 为混凝土基体抗拉强度,MPa;V_f 为钢纤维体积率(%);τ 为钢纤维与混凝土的平均黏结应力;η_0、η_1 分别为纤维方向系数和纤维长度系数;l_f 为钢纤维的长度,mm;d_f 为钢纤维的直径,mm。

2.1.3.2　纤维间距理论

纤维间距理论根据线弹性断裂力学原理解释钢纤维对裂缝发生和发展的约束作用,认为要增强混凝土这种本身带有内部缺陷的脆性材料的抗拉强度,必须尽可能地减小内部缺陷的尺寸,降低裂缝尖端的应力场强度因子,提高韧性。钢纤维的加入能跨越裂缝两边,约束裂缝的产生和发展,起到了降低应力强度因子、减缓裂缝尖端应力集中的作用。

纤维间距理论认为,如果假定拉应力引起的内部裂缝端部应力强

度因子为 K_σ ,与裂缝端部相邻的纤维和混凝土间的黏结应力 τ 产生的起约束作用的反向应力场的应力强度因子为 K_f ,则总的应力强度因子就将减小,即

$$K = K_\sigma - K_f < K_\sigma \qquad (2-2)$$

按照纤维间距理论同样可以推导出与式(2-1)相同的钢纤维混凝土抗拉强度的计算模式。由此,这两种理论是从不同的角度解释钢纤维对混凝土的增强作用,其结果是一致的。文献[16]根据断裂力学原理,在复合力学理论的基础上论证了两种理论的统一性。

2.1.3.3　钢纤维混凝土抗拉强度计算模式的统一

钢纤维混凝土抗拉强度计算公式(2-1)中,纤维方向系数 η_0 和平均黏结应力 τ 的确定比较困难。研究表明,黏结强度的大小在钢纤维埋置长度一定的情况下取决于纤维的形状和基体的强度。所以,式(2-1)可以进一步为

$$f_{f_t} = f_t(1 + \alpha\lambda_f) \qquad (2-3)$$

式中: λ_f 为钢纤维特征值, $\lambda_f = \dfrac{l_f}{d_f}V_f$; α 为与钢纤维类型、形式、分布及受力模型等有关的参数,其值由实验数据统计确定, $\alpha = \eta_0\dfrac{\tau}{f_m}$ 。

式(2-3)即为钢纤维混凝土各类强度指标(钢纤维混凝土抗压强度 $f_{f_{cu}}$ 、钢纤维混凝土抗折强度 $f_{f_{tm}}$ 和钢纤维混凝土弹性模量 E_{f_c} 等)的统一计算模式,只是需采用相应的计算系数。

2.2　钢纤维高强混凝土原材料选择及配合比设计

钢纤维高强混凝土具有钢纤维混凝土的抗拉、抗剪、抗弯、耐疲劳、阻裂增韧等方面的优点,同时表现出高强混凝土的强度高、耐久性好等优良性能,是水泥基复合材料向高性能化发展的新方向,开发与应用潜力极大。在推动这种新型材料与技术走向实用化的进程中,对其配置方法的研究是首要关心的问题。与传统混凝土相比,无论是原材料的

选择,还是配合比设计,钢纤维高强混凝土都有其自身的特点和要求。由于钢纤维高强混凝土组分的复杂性,使得其配合比设计也十分复杂。目前,钢纤维高强混凝土的配合比设计还处于实验研究阶段。有不少学者提出了各自的理论和方法,但可被广泛接受的、统一的方法尚未形成,其配合比设计只能参照有关资料或经验,通过仔细的试配并经反复检验修改后确定。

目前,国际上配制高强混凝土较通用的技术路线为:高强度等级水泥+超细矿物掺和料+高效减水剂。本书所探讨的钢纤维高强混凝土的配合比设计方法是基于混凝土的设计强度,充分考虑高强混凝土和钢纤维高强混凝土的配制特点,并尽可能与当前通用的普通混凝土配合比设计相衔接,可为实际中钢纤维高强混凝土配合比设计提供一种基本思路。

2.2.1　原材料的选择

对于钢纤维高强混凝土,选择适宜的原材料品种与技术指标是配制出具有要求强度的钢纤维高强混凝土的前提。因此,正确选择适宜的原材料是非常重要的。

2.2.1.1　水泥的选择

由于高强混凝土中水泥用量一般为 $500 \sim 700 \ kg/m^3$,水化热高,因而需低水化热的水泥,即水泥中 C_2S 比例增大些,而 C_3S 及 C_3A 量减少些,水泥的质量稳定,C_3S 的含量波动 4%,烧失量波动 0.5%,硫酸盐的波动范围 ±0.2%。另外,钢纤维混凝土砂率较高,水泥浆液较多。为保证混凝土强度、钢纤维与混凝土基体的黏结,须选用高强度等级水泥。

本实验采用郑州市龙源水泥厂生产的 42.5 级普通硅酸盐水泥,各项指标均符合要求。

2.2.1.2　骨料的选择

实验研究表明,在一般混凝土中,粗骨料(石料)类型对抗压强度影响不大,但在高强混凝土中,粗骨料的差异对混凝土特别是钢纤维混凝土的强度影响很大。一般来说,粗骨料采用碎石比卵石有利,其原因不仅是两者的密度和吸水率不同,而且它们的强度和黏结强度不同。另外,采用河卵石便于混凝土的浇捣,但配制的混凝土强度明显小于碎石,而且使用碎石比使用卵石更能避免混凝土搅拌中钢纤维的结团现象。粗骨料的粒径不能太小也不能过大:尺寸太小,虽然黏结面较大,内部结构连续,但需要增加用水量,不利于强度的提高;尺寸过大,不利于钢纤维嵌入基体,从而降低钢纤维的增强效果。因此,钢纤维混凝土中粗骨料的粒径以不超过 20 mm 为宜。

国外相关实验研究表明,使用形状不规则的粗骨料,将使钢纤维分布不均,并加剧钢纤维与粗骨料的摩擦作用,从而磨损钢纤维,降低其对裂缝的抑制作用,因而骨料表面越光滑,裂缝特性就越好。国内姚廷舟等通过实验,对此提出了异议,认为粗骨料小到一定程度时,不会影响钢纤维的定向嵌入,表面粗糙反而有利于钢纤维混凝土的力学性能。主要原因是粗骨料表面粗糙,提高了骨料与砂浆间的黏结,而且钢纤维混凝土破坏时,钢纤维几乎都是从基体中拔出,而不是拔断或折断,所以可以不考虑骨料对钢纤维的损坏会降低其对裂缝的抑制作用;相反,正是骨料和钢纤维的摩擦增加了钢纤维的增强效果。

细骨料(砂)的作用不仅关系到混凝土的强度,而且对钢纤维在混凝土中的分布和钢纤维混凝土的稠度起着决定作用。过粗的砂容易产生离析和泌水现象;过细的砂虽不产生离析和泌水现象,却需要较多的水泥浆包裹在砂的表面,水泥用量较大并使拌和料干硬而难于振捣密实。

综合以上情况,本实验粗骨料选用粒径为 10~20 mm 的连续花岗岩碎石,表观密度为 2 987 kg/m³、抗压强度为 230 MPa、弹性模量为 10~14 GPa、压碎指标为 8.8%。细骨料采用洛阳中粗河砂,级配良好,细度模数为 3.0,含泥量少。

2.2.1.3 掺和料的选择

改善水泥石中水化物的相组成,提高其质量,是制备高强混凝土的另一重要措施。水泥水化后形成水化硅酸钙、水化铝酸钙、水化硫铝酸钙、水化铁铝酸钙及氢氧化钙。其中,水化硅酸钙数量众多,也最为重要。由于水泥水化形成的大多是高碱性水化硅酸钙,与低碱性水化硅酸钙相比,前者强度低,后者强度高。同时存在的 f-CaO 强度极低,稳定性很差。因此,在制备高强混凝土时,要设法降低高碱性水化硅酸钙的含量,提高低碱性水化硅酸钙含量,同时尽量消除 f-CaO。其方法是在混凝土中掺入活性矿物掺料,使其含有的活性 SiO_2、Al_2O_3 与 f-CaO 及高碱性水化硅酸钙发生二次反应,生成低碱性水化硅酸钙,以增加胶凝物质的数量,改善其质量。

硅粉是最好的活性矿物掺和料,其主要化学成分是非晶态二氧化硅。微硅粉与水泥在水化过程中产生的游离氧化钙发生凝硬反应,生成非晶态(低碱性)水化硅酸钙。该化学反应产生的非晶态水化硅酸钙颗粒非常小,只有 $0.1 \sim 0.2 \ \mu m$,是水分子的十分之一左右。这些颗粒随着凝结硬化反应的发生,逐步渗透到水泥浆的毛细孔中填充这些毛细孔并使其断开互不相连,使水泥浆的密实度提高、透水率降低。但掺量高于 15% 时,混凝土拌和物的流动性将明显下降,且硅粉价格较高,选用时应加以考虑。高于 C80 高强混凝土及钢纤维高强混凝土通常须加硅粉。

本实验采用埃肯国际贸易(上海)有限公司生产的纯度为 97% 的超细粉末状二氧化硅,掺量为水泥用量的 9.0%。

2.2.1.4　减水剂的选择

高强混凝土水灰比较小,而配制钢纤维混凝土需要的用水量较多。另外,由于硅粉的加入使混合料的流动性明显降低。为了保证高强混凝土的施工性,必须使用高效减水剂,且用量比不掺硅粉时稍大一些。减水剂对混凝土性能的影响主要体现在坍落度方面,其作用效果常用减水率来描述。另外,减水剂的掺入也会对强度产生一定的影响。在适宜掺量下,减水剂使水泥颗粒更加分散,水泥水化更为充分,水泥石孔隙结构细化,在相同水灰比的条件下强度会有所提高;但若掺量过大,反而会造成拌和物含气量增加,降低混凝土的强度,从而达到相同强度时需要更低的水灰比或更多的水泥。

本实验选用河南省建材科学研究院生产的建科牌 FDN-1 型高效减水剂,掺量为水泥用量的 1.5%。

2.2.1.5　钢纤维的选择

钢纤维高强混凝土的性能在基体混凝土性能确定的情况下,取决于钢纤维的性能及其相对含量。钢纤维的增强效果与钢纤维的长度、直径(或等效直径)、长径比、体积率以及表面形状等有关。钢纤维长度太短起不到增强作用,太长则施工较困难,影响拌和物的质量,直径过细易在拌和过程中被弯折,过粗则在相同体积率时,其增强效果较差。钢纤维混凝土中钢纤维的体积率小到一定程度时将起不到增强作用,但是钢纤维体积率也不能过大,钢纤维过多将使施工拌和更加困难,钢纤维不能均匀分布,甚至严重结团,同时包裹在每根钢纤维周围的水泥胶体少,钢纤维混凝土就会因钢纤维与基体间黏结不足而过早破坏。实验研究和工程实践表明,钢纤维的长度为 15~60 mm,直径或有效直径为 0.3~1.2 mm,长径比为 30~100,钢纤维体积率在 0.5%~3.0% 的范围选用,其增强效果和施工性能一般可满足要求。

本实验采用上海哈瑞克斯金属制品有限公司生产的铣削型钢纤维,设计了五种钢纤维含量 0.5%、1.0%、1.5%、2.0%、2.5%。钢纤维的主要性能指标见表 2-1。

表 2-1　钢纤维的主要性能指标

钢纤维类型	直径($\times 10^{-3}$mm)	长度(mm)	抗拉强度(MPa)	弹性模量(MPa)	拉断伸长率(%)	掺加量(%)
铣削型	943.6	32.31	800	200 000	0.5~3.5	1%、2%

2.2.1.6　水的选择

为了保证高强混凝土及钢纤维高强混凝土的高质量和安定的品质,采用合格的自来水拌制混凝土。

2.2.2　配合比设计

钢纤维高强混凝土的配合比应根据拌和料的特性及硬化后使用性能的特点和要求进行合理的设计。本书中对钢纤维高强混凝土的配合

比设计参照文献[6,17]中的方法通过设计计算,基于实践经验,最后经试配确定,其设计要点如下:

(1)钢纤维高强混凝土配制强度的确定。

根据钢纤维高强混凝土的立方体抗压强度标准值$f_{f_{cu}}$、立方体抗压强度标准差σ_1和强度保证率系数Z确定钢纤维高强混凝土的配制强度$\overline{f_{f_{cu}}}$:

$$\overline{f_{f_{cu}}} = f_{f_{cu}} + Z\sigma_1 \qquad (2\text{-}4)$$

(2)钢纤维高强混凝土水灰比的确定。

钢纤维高强混凝土的水灰比由钢纤维高强混凝土的配制强度$\overline{f_{f_{cu}}}$与水泥强度等级f_{ce}、水灰比W/C的关系式求得,即

$$\frac{W}{C} = \frac{\alpha_a f_{ce}}{f_{f_{cu}} + Z\sigma_1 + \alpha_a \alpha_b f_{ce}} \qquad (2\text{-}5)$$

式中:α_a、α_b为经验系数。对于本书中碎石粗骨料,$\alpha_a = 0.46$,$\alpha_b = 0.07$。

(3)钢纤维体积率及单位体积用量。

本章实验中,为了研究钢纤维体积率对混凝土性能的影响,以钢纤维体积率为变化参数,确定了钢纤维体积率分别为 0.5%、1.0%、1.5%、2.0%和2.5%的 5 个钢纤维高强混凝土的配合比,并以 0.5%对应的配合比为基准配合比,其他钢纤维体积率对应的配合比可通过调整单位体积用水量和水泥用量得到。钢纤维体积率为 0.5%的单位体积用量为 $F_0 = 0.5\% \times 7\,800 = 39(\text{kg/m}^3)$。

(4)单位体积用水量的确定。

在水灰比保持一定的条件下,单位体积用水量和钢纤维体积率是控制拌和料和易性的主要因素。由于影响单位体积用水量的因素较多,选用的原材料差异,因而用水量也有不同。在实际应用中,可通过实验或根据已有经验确定。也可根据材料品种规格、钢纤维体积率、水灰比和坍落度选用,本书按照后者确定。本书配合比中钢纤维体积率每增减 0.5%,单位体积用水量相应增减 8 kg。

(5)单位体积水泥用量的确定。

钢纤维高强混凝土中,由于包裹钢纤维和粗、细骨料表面的水泥浆用量较普通混凝土多,因而单位体积水泥用量较大。钢纤维高强混凝土的单位体积水泥用量可根据强度和钢纤维体积率而定,钢纤维体积率较大时,单位体积水泥用量也适当增加。由已确定的水灰比 W/C 和单位体积用水量 W_0,即可求得单位体积水泥用量 C_0。

(6)砂率的确定。

砂率为砂重占砂石质量的百分比。砂率作为重要的级配参数,主要影响混凝土的和易性,过高和过低的砂率都不利于提高和易性。研究表明:砂率对混凝土的强度也有影响,过高的砂率不利于提高混凝土的强度。由于影响砂率的因素很多,诸如粗骨料的品种和最大粒径、钢纤维体积率或长径比、砂的细度模数、水灰比等,因此砂率可通过实验或根据已有经验确定。本章根据材料的品种规格、钢纤维体积率、水灰比等因素选用,然后通过拌和物和易性实验确定。

(7)单位体积砂、石用量的确定。

上述基本参数确定后,可用绝对体积法或假定密度法求得单位体积的砂、石用量。因假定密度(容重)法计算较简单,便于应用,本书采用此法。假定钢纤维高强混凝土的密度为 γ_{f_c},则:

$$C_0 + W_0 + F_0 + S_0 + G_0 = \gamma_{f_c} \qquad (2\text{-}6)$$

式中:C_0、W_0、F_0、S_0、G_0 分别为水泥、水、钢纤维、砂及石的密度,kg/m^3。

文献[17]将钢纤维高强混凝土的密度取为 $\gamma_{f_c} = 2\,450\ kg/m^3$。根据假定的密度和已确定的参数,由式(2-6)可计算出单位体积重砂、石的总质量。再按砂率可分别求得砂、石的用量,即

$$S_0 + G_0 = \gamma_{f_c} - W_0 - C_0 - F_0 \qquad (2\text{-}7)$$

$$S_0 = (S_0 + G_0) \times S_P \qquad (2\text{-}8)$$

$$G_0 = (S_0 + G_0) - S_0 \qquad (2\text{-}9)$$

钢纤维高强混凝土的试配采用人工拌和,拌和工艺如图2-1所示。将拌和混凝土装入试模,振动台振动成型。经过试配,最终确定的满足要求的高强钢筋混凝土的配合比如表2-2所示。

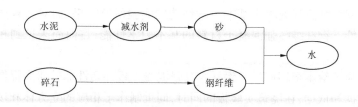

图 2-1　人工拌制钢纤维高强混凝土流程

表 2-2　高强混凝土和钢纤维高强混凝土的配合比　　（单位:kg/m³）

基体强度等级	钢纤维体积率	水泥	砂	石	水	钢纤维	减水剂	硅粉
CF50	0	433	649	1 208	160	0	0	0
	1.5%	503	740	1 021	186	117	0	0
CF60	0	500	612	1 188	150	0	7.5	0
	0.5%	520	709.6	1 064.4	156	39	7.8	0
	1.0%	546.7	695.7	1 043.6	164	78	8.2	0
	1.5%	573.3	681.9	1 022.8	172	117	8.6	0
	2.0%	600	668	1 002	180	156	9.0	0
	2.5%	626.7	654.1	981.2	188	195	9.4	0
CF80	0	556	523	1 221	150	0	8.3	50.0
	1.5%	648	650.8	976.2	175	117	9.7	58.3

2.3　钢纤维高强混凝土基本力学性能实验研究

由于钢纤维高强混凝土组成材料的复杂性使其力学性能表现出不同的特点,很多由钢纤维普通混凝土获得的结论和公式已不再适用。尽管国内外近年来对钢纤维高强混凝土的基本力学性能进行了多方面的实验研究和探索,但迄今取得的成果还比较分散,缺乏比较成熟与一致的钢纤维高强混凝土基本力学性能的实验研究结果,而对在自然养护条件下钢纤维高强混凝土材料的基本力学性能,目前尚未见到相关报道。

为了给本章钢筋局部钢纤维高强混凝土板冲切性能的研究提供基础数据和依据,在浇筑实验板的同时,同批制作了相应的立方体和棱柱体试件,同条件自然养护,试件性能指标的测试与实验板数据的测试相一致。按照《钢纤维混凝土试验方法》(CECS 13:89)测试其基本力学性能指标,包括立方体抗压强度、抗拉强度、抗折强度及静力弹性模量,并对其进行系统的分析,建立了钢纤维高强混凝土各种基本力学指标的计算公式。

2.3.1　实验概况

配制钢纤维高强混凝土的原材料按照 2.2 节所述选用,实验设计参数为混凝土强度等级、钢纤维体积率。钢纤维高强混凝土强度等级采用 CF50、CF60、CF80 三种。其中,CF50 和 CF80 钢纤维高强混凝土的钢纤维体积率为 0、1.5%;CF60 钢纤维高强混凝土的钢纤维体积率分别为 0、0.5%、1.0%、1.5%、2.0% 和 2.5%。钢纤维高强混凝土的配合比见表 2-2。

共浇筑了 56 组 168 个 150 mm×150 mm×150 mm 立方体试件、10 组 30 个 100 mm×100 mm×400 mm 和 10 组 60 个 150 mm×150 mm×450 mm 棱柱体试件。每组有三个试件。

试件尺寸如下:立方体抗压、劈裂抗拉试件尺寸为 150 mm×150 mm×150 mm,抗折试件尺寸为 100 mm×100 mm×400 mm,测试静力弹性模量的试件尺寸为 150 mm×150 mm×450 mm。

试件制备前将石子过筛,除去超径颗粒($d>20$ mm),反复冲洗干净,拣出针片状颗粒、胶泥块等杂物,砂子用 5 mm 孔筛进行筛分。浇筑时,为使钢纤维均匀分散于拌和物中,采用强制式搅拌机拌和。拌料顺序为:依次加入砂子、水泥、粉末状减水剂(硅粉)、石子干拌 1 min,接着将钢纤维均匀撒入,干拌约 30 s,随后加水湿拌 1 min 出料。将混凝土拌和物装入试模中,振动台振动成型,24 h 后拆模、编号,与对应

的板一起放置在养护地点,用草席覆盖,洒水进行自然养护,超过 28 d
后随板一块进行实验。

立方体抗压强度和静力弹性模量的测试采用上海申克实验机有限
公司生产的 YA-3000 型电液式压力实验机,最大吨位 3 000 kN,测试
时按照垂直于试件成型面的方向加载。劈裂抗拉强度的测试采用上海
申克实验机有限公司生产的 WE-300 型材料实验机,最大量程为 300
kN,实验时将试件放于压力机垫板的正中心(劈裂面应与试件的成型顶
面垂直),劈条采用直径为 150 mm 的弧形钢垫条,钢垫条与试件之间设
置木质三合板垫条,三合板垫条不重复使用;抗折强度的测试采用无锡
建仪仪器机械有限公司生产的 NYL-300C 型 3 000 kN 压力实验机。

2.3.2　实验结果与分析

2.3.2.1　钢纤维高强混凝土抗压强度

抗压性能是钢纤维高强混凝土最基本、最重要的力学性能,是确定
其他力学特性和数值计算的主要指标。高强混凝土及钢纤维高强混凝
土立方体抗压强度的实验结果如表 2-3 所示。

表 2-3　高强混凝土及钢纤维高强混凝土立方体抗压强度的实验结果

基体强度等级	钢纤维体积率	抗压破坏荷载(kN)		抗压强度(MPa)	抗压强度平均值(MPa)	抗压强度比
CF50	1.5%	1	1 330(984)	59.1(43.7)	57.5(48.6)	1.18
		2	1 407(1 204)	62.5(53.5)		
		3	1 144(1 092)	50.8(48.5)		
CF50	1.5%	1	1 231(978)	54.7(43.5)	59.7(48.3)	1.24
		2	1 401(1 135)	62.3(50.4)		
		3	1 398(1 145)	62.1(50)		
CF60	0	1	1 240	55.1	61.7	1.0
		2	1 677	74.5		
		3	1 247	55.4		

续表 2-3

基体强度等级	钢纤维体积率	抗压破坏荷载(kN)		抗压强度(MPa)	抗压强度平均值(MPa)	抗压强度比
CF60	0.5%	1	1 599(1 553)	71.1(69)	67.3(62.3)	1.08
		2	1 236(1 351)	54.9(60)		
		3	1 706(1 301)	75.8(57.8)		
CF60	1.0%	1	1 792(1 486)	79.6(66)	75.9(63.8)	1.19
		2	1 699(1 427)	75.5(63.4)		
		3	1 633(1 394)	72.6(62)		
CF60	1.5%	1	1 851(1 305)	82.3(58)	81.3(58.3)	1.39
		2	1 803(1 322)	80.1(58.8)		
		3	1 831(1 308)	81.4(58.1)		
CF60	1.5%	1	1 925(1 297)	85.6(57.6)	83.1(60.8)	1.37
		2	1 835(1 306)	81.6(58)		
		3	1 850(1 501)	82.2(66.7)		
CF60	1.5%	1	1 900(1 461)	84.4(64.9)	82.4(62)	1.33
		2	1 860(1 488)	82.7(66.1)		
		3	1 802(1 236)	80.1(54.9)		
CF60	1.5%	1	1 879(1 399)	83.5(62.2)	82.7(62.1)	1.33
		2	1 864(1 401)	82.8(62.3)		
		3	1 840(1 390)	81.8(61.8)		
CF60	2.0%	1	1 921(1 603)	85.4(71.2)	85.1(62.3)	1.37
		2	1 882(1 412)	83.6(62.8)		
		3	1 935(1 190)	86.0(52.9)		

续表 2-3

基体强度等级	钢纤维体积率		抗压破坏荷载(kN)	抗压强度(MPa)	抗压强度平均值(MPa)	抗压强度比
CF60	2.5%	1	1 741(1 334)	77.4(52.3)	80.2(62)	1.29
		2	1 782(1 368)	79.2(60.8)		
		3	1 893(1 483)	84.1(65.9)		
CF80	1.5%	1	2 231(1 800)	99.2(80.0)	96.7(81.3)	1.20
		2	2 087(1 867)	92.8(83.0)		
		3	2 209(1 820)	98.2(80.9)		
CF80	1.5%	1	2 499(1 797)	111.1(79.9)	110.4(81.5)	1.35
		2	2 693(1 865)	119.7(82.9)		
		3	2 258(1 839)	100.4(81.7)		

注:括号外的数据为相应钢纤维体积率的钢纤维高强混凝土试件的抗压破坏荷载和抗压强度值,括号内的数据为与钢纤维高强混凝土对比的高强混凝土试件相应荷载和强度值。

(1)高强混凝土及钢纤维高强混凝土立方体试件受压破坏形态及分析。

对于高强混凝土立方体试件,其最终的破坏形态为正倒分离的不明显的四角锥形。由于 2 000 kN 的压力机刚度有限,试件破坏时,由于实验机突然卸载,积蓄在实验机上的变形能急剧释放,使试件受到剧烈冲击,产生巨大响声,同时有碎块向四周飞溅,呈现极明显的脆性破坏形态。

对于钢纤维高强混凝土立方体试件,由于裂缝形成后,桥架与裂缝间的钢纤维开始工作,使裂缝的扩展延迟。由于钢纤维从基体混凝土间拔出时需要消耗大量变形,因此与高强混凝土试件相比,其破坏形态发生了很大的变化。破坏时先听到嘈杂和撕裂的声音,伴随着一声沉闷的声响而最终破坏。破坏后无碎块迸裂,基本保持原来的完整性,只出现许多裂纹和蜕皮。因而,钢纤维的加入,极大地改善了高强混凝土的受压变形和破坏特性,使其由脆性破坏转变为具有一定塑性的破坏形态。

(2)钢纤维体积率和混凝土基体强度等级对钢纤维高强混凝土抗压强度的影响。

图 2-2 和图 2-3 分别给出了不同钢纤维体积率、不同混凝土基体强度等级的钢纤维高强混凝土立方体试件的抗压强度增强比(钢纤维高强混凝土立方体抗压强度与相应高强混凝土对比试件的立方体抗压强度的比值)随钢纤维体积率和混凝土基体强度等级的变化规律。

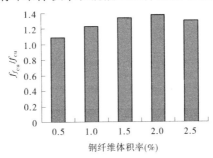

图 2-2　钢纤维体积率与钢纤维高强混凝土立方体抗压强度比的关系

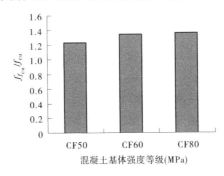

图 2-3　基体强度等级对钢纤维高强混凝土立方体抗压强度比的影响

从图 2-2 和表 2-3 中可以看出,钢纤维高强混凝土立方体抗压强度(强度等级为 CF60)随钢纤维体积率的增加有较大的提高,当钢纤维体积率从 0.5% 增大到 2.0% 时,钢纤维高强混凝土立方体抗压强度较相应高强混凝土立方体抗压强度提高为 8.0%~37%。

　　钢纤维对高强混凝土的影响规律与普通混凝土有所不同,钢纤维对抗压强度能否发挥增强作用,主要取决于混凝土基材与钢纤维的黏结强度及钢纤维本身的抗拉强度。对于低强度混凝土,钢纤维与基体黏结强度低,钢纤维的掺入使整个体系内增多了界面薄弱区,在受力过程中钢纤维的增强效果与界面区的疏松薄弱,正、负效应相抵,故在宏观上钢纤维对抗压强度几乎没有影响。而对于钢纤维高强混凝土,特别是掺入硅粉后,界面区得到强化,钢纤维与胶凝体的界面黏结强度高,减小了界面薄弱而带来的不利影响,钢纤维的增强效果得以发挥,故抗压强度也有明显提高。另外,本实验中钢纤维的抗拉强度为 800 MPa,远远超过混凝土的抗拉强度。所以,当试件受压时,纵横交错的纤维网状结构对试件横向变形的约束作用较强,使其近似于三向受压,致使钢纤维高强混凝土的抗压强度提高。由实验结果还可以看出,钢纤维体积率达到 2.5%时,钢纤维高强混凝土抗压强度提高幅度反而有所下降,相较于钢纤维体积率为 2.0%时,试件抗压强度增长幅度下降 8%,文献[18]中也有相似的实验现象,说明对高强混凝土起增强阻裂作用的钢纤维的掺量有一定的范围性。究其原因,随着钢纤维体积率的进一步增大,钢纤维的比表面积增加较大,不能被足够的浆体包裹,使得混凝土的密实度下降,钢纤维与基体的黏结弱化,造成混凝土抗压强度增长幅度减小。根据本章的实验结果,2.0%的钢纤维体积率是基体强度等级为 CF60 的钢纤维高强混凝土的最佳体积率。

　　随着混凝土基体强度等级的增加,高强混凝土及钢纤维高强混凝土的抗压强度均得到了提高,如图 2-3 所示。基体强度等级为 CF60、CF80 的高强混凝土及钢纤维高强混凝土相较于基体强度等级为 CF50 的高强混凝土,高强混凝土立方体抗压强度提高幅度分别约为 27%、67%;钢纤维高强混凝土立方体抗压强度提高幅度分别约为 38%、68%。随着基体强度等级的提高,混凝土结构更加密实,孔隙率降低,水泥浆强度、水泥浆与骨料间的界面强度以及骨料强度三者之间的差别也减小,因此高强混凝土与普通混凝土的抗压性能相比有相当大的差别。基体混凝土强度等级的提高,也有效地改善了钢纤维与混凝土的界面结构与性状,界面得到了强化,从而达到提高钢纤维与混凝土基体的黏结力的目的。

(3)龄期对钢纤维高强混凝土抗压强度的影响。

由于钢纤维高强混凝土板冲切性能实验周期较长,为了把握钢纤维高强混凝土抗压性能随时间的变化规律,分别制作了4组钢纤维高强混凝土(V_f = 1.5%)和相应的高强混凝土立方体试件,除2组龄期为28 d外,其他6组试件随板同步进行抗压强度测试。钢纤维高强混凝土试件抗压强度随着养护龄期增加的变化规律如图2-4所示。

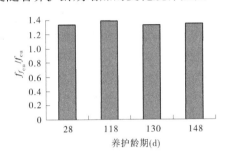

图 2-4　钢纤维高强混凝土试件抗压强度比与养护龄期的关系

从图2-4可以看出,28 d后,随着养护龄期的增加,钢纤维高强混凝土立方体抗压强度提高不明显。养护龄期为28 d、118 d、130 d和148 d的钢纤维高强混凝土立方体抗压强度增强比分别为1.34、1.39、1.33和1.35。由此,可以认为龄期超过28 d后,钢纤维高强混凝土的受压力学性能已经基本稳定,养护龄期的延长对钢纤维高强混凝土抗压强度几乎没有影响。

(4)钢纤维高强混凝土抗压强度计算公式。

工程实践和实验研究已经证明,钢纤维对普通混凝土的抗压强度提高幅度很小,通常可以不考虑钢纤维对普通混凝土抗压强度的影响,认为钢纤维混凝土同普通混凝土抗压强度相同,日本及我国的《纤维混凝土结构技术规程》(CECS 38:2004)就是这样采用的。根据本章13组钢纤维高强混凝土立方体抗压试件的实验结果,参照式(2-3)的模式统计分析得:

$$f_{f_{cu}} = f_{cu}(1 + 0.52\lambda_f) \tag{2-10}$$

式中: $f_{f_{cu}}$ 为钢纤维高强混凝土抗压强度,MPa; f_{cu} 为相应基体强度等级的高强混凝土抗压强度,MPa; λ_f 为钢纤维特征值。

利用式(2-10)对钢纤维高强混凝土立方体抗压强度进行计算,所得结果如表2-4所示。

表 2-4　钢纤维高强混凝土立方体抗压强度实测值和计算值的对比结果

基体强度等级	钢纤维体积率	立方体抗压强度实测值(MPa)	立方体抗压强度计算值(MPa)	实测值/计算值
CF50	1.5%	57.5	61.5	0.93
	1.5%	59.7	61.1	0.98
CF60	0	61.7	61.7	1.00
	0.5%	67.3	67.8	0.99
	1.0%	75.9	75.1	1.01
	1.5%	82.4	76.9	1.07
	2.0%	85.1	84.3	1.01
	2.5%	80.2	89.4	0.90
CF80	1.5%	96.7	102.9	0.94
	1.5%	110.4	103.1	1.07

经计算,所得抗压强度实测值与计算值比值的平均值为0.99,均方差为0.053,变异系数为0.054,实验值与按式(2-10)所得的计算值吻合得较好。

2.3.2.2　钢纤维高强混凝土抗拉强度

在分析钢纤维混凝土增强机制时,均结合拉伸性能的实验进行论述。因为钢纤维的拉伸性能是其诸优异特性的集中表现,也是钢纤维改性混凝土的基本性能。鉴于直接测试混凝土的轴心抗拉强度难以保证试件的几何对中及物理对中,以及可能出现的偏拉破坏而影响实验结果,大多数学者主张采用立方体试件的劈裂抗拉实验间接确定混凝土的抗拉强度。ACI544委员会把劈裂抗拉实验方法用于钢纤维混凝土。国内许多单位也采用劈裂法测定钢纤维混凝土的抗拉强度,所得结果离散性小,而且与纤维体积率和长径比有很好的相关性。这种方法操作十分简便,易于控制,所得的劈裂抗拉强度值又比较接近轴心受拉强度,且与普通混凝土实验方法衔接,已被我国《钢纤维混凝土试验方法标准》(CECS 13:89)所采用。

立方体试件的劈裂抗拉强度计算式如下:

$$f_t = \frac{2P}{\pi A} = 0.637\frac{P}{A} \tag{2-11}$$

式中:P 为试件的劈裂破坏荷载,kN;A 为劈裂面面积,mm^2。

高强混凝土及钢纤维高强混凝土立方体试件抗拉强度的实验结果见表 2-5。

表 2-5　高强混凝土及钢纤维高强混凝土立方体试件抗拉强度的实验结果

基体强度等级	钢纤维体积率		受拉破坏荷载(kN)	抗拉强度(MPa)	抗拉强度平均值(MPa)	抗拉强度比
CF50	1.5%	1	177(105.5)	5.0(3.0)	4.9(3.1)	1.58
		2	173(102)	4.9(2.9)		
		3	170(121)	4.8(3.4)		
CF50	1.5%	1	182(100)	5.2(2.8)	5.1(3.0)	1.7
		2	193(116)	5.5(3.3)		
		3	165(102)	4.7(2.9)		
CF60	0	1	128.5	3.6	3.4	1.0
		2	116	3.3		
		3	121	3.4		
CF60	0.5%	1	174.5(123)	4.9(3.5)	4.9(3.5)	1.4
		2	169.5(169*)	4.8(4.8*)		
		3	175(124)	5.0(3.5)		

续表 2-5

基体强度等级	钢纤维体积率	受拉破坏荷载(kN)		抗拉强度（MPa）	抗拉强度平均值(MPa)	抗拉强度比
CF60	1.0%	1	212(129)	6.0(3.7)	5.7(3.6)	1.58
		2	202(122)	5.7(3.5)		
		3	188(128)	5.3(3.6)		
CF60	1.5%	1	220(117)	6.2(3.3)	6.1(3.3)	1.85
		2	213(109)	6.0(3.1)		
		3	213.5(123)	6.0(3.5)		
CF60	1.5%	1	197(127)	5.6(3.6)	6.4(3.4)	1.88
		2	226(163*)	6.4(4.6*)		
		3	255(114)	7.2(3.2)		
CF60	1.5%	1	241(123)	6.8(3.5)	6.6(3.4)	1.94
		2	230.5(117)	6.5(3.3)		
		3	227.5(120)	6.4(3.4)		
CF60	1.5%	1	213(116)	6.0(3.3)	6.3(3.3)	1.91
		2	233(117)	6.6(3.3)		
		3	297.5*(116)	8.4*(3.3)		
CF60	2.0%	1	259(119)	7.3(3.4)	7.7(3.2)	2.41
		2	292(115)	8.3(3.3)		
		3	260(102)	7.4(2.9)		
CF60	2.5%	1	250(105)	7.1(3.0)	7.1(3.0)	2.37
		2	248(111)	7.0(3.1)		
		3	258(103)	7.3(2.9)		

续表 2-5

基体强度等级	钢纤维体积率		受拉破坏荷载(kN)	抗拉强度(MPa)	抗拉强度平均值(MPa)	抗拉强度比
CF80	1.5%	1	300(149)	8.5(4.2)	8.2(4.2)	1.95
		2	291(150)	8.2(4.2)		
		3	283(145)	8.0(4.1)		
CF80	1.5%	1	295(144)	8.4(4.1)	8.3(4.1)	2.02
		2	288(151)	8.2(4.3)		
		3	296(140)	8.4(4.0)		

注:表中标有 * 符号的表示离散较大的数据,计算中舍弃;括号外的数据为相应钢纤维体积率的钢纤维高强混凝土试件的抗拉破坏荷载和抗拉强度值,括号内的数据为与钢纤维高强混凝土对比的高强混凝土试件相应荷载和强度值。

(1)钢纤维体积率和混凝土基体强度等级对钢纤维高强混凝土抗拉强度的影响。

图 2-5 和图 2-6 分别绘出了不同钢纤维体积率、不同混凝土基体强度等级的钢纤维高强混凝土立方体试件抗拉强度增强比(钢纤维高强混凝土立方体试件抗拉强度与相应高强混凝土立方体对比试件抗拉强度的比值)随钢纤维体积率和基体强度等级的变化规律。

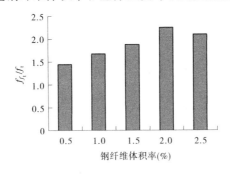

图 2-5　钢纤维体积率与钢纤维高强混凝土立方体试件抗拉强度比的关系

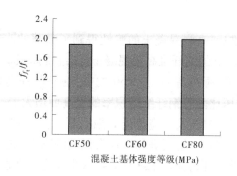

图 2-6　基体强度等级对钢纤维高强混凝土立方体试件抗拉强度比的影响

　　随着钢纤维体积率的增加,钢纤维高强混凝土试件抗拉强度提高比较明显(见图 2-5)。从实验结果看,当钢纤维体积率在 0.5%~2.5% 范围变化时,钢纤维高强混凝土(基体强度等级为 CF60)抗拉强度较相应高强混凝土抗拉强度提高 40%~141%。钢纤维体积率为 2.0% 时,对钢纤维高强混凝土试件抗拉强度增强效果最佳,高达 141%,而根据文献[19],对于普通混凝土,钢纤维体积率为 0.5%~2.0%时,钢纤维对其抗拉强度的增强率仅为 40%~80%。说明,钢纤维高强混凝土中钢纤维与混凝土基体之间的界面性能得到了较大的改善,钢纤维对高强混凝土试件抗拉强度增强比较显著。但当钢纤维体积率进一步增加,增强效果反而下降。因此,钢纤维对钢纤维高强混凝土抗拉性能的影响存在最佳掺量问题,而不是钢纤维体积率越大,钢纤维高强混凝土抗拉强度越大。

　　从表 2-5 和表 2-3 及图 2-6 可以看出,随着混凝土基体强度的增大,高强混凝土试件抗拉强度随之提高,但提高幅度较小,而且高强混凝土的拉压比降低比较明显。混凝土基体强度等级为 CF60、CF80 的高强混凝土试件的抗拉强度相较于基体强度等级为 CF50 的抗拉强度,提高幅度分别约为 11% 和 36%,而拉压比降低幅度分别约为 14% 和 31%。高强混凝土立方体试件的抗拉强度和抗压强度之比变化于 1/15.4~1/22.5,比普通混凝土的拉压比(1/10~1/13)低得多,高强混凝土比普通混凝土表现出更高的脆性破坏特性。事实上,高强混凝土在劈裂破坏时同受压破坏一样伴有巨大的爆炸声,实际说明了高强混凝土的高脆性。

掺加钢纤维后,高强混凝土的脆性得到了显著的改善。基体强度等级为 CF60、CF80 的钢纤维高强混凝土(钢纤维体积率为 1.5%)的抗拉强度相较于基体强度等级为 CF50 的抗拉强度,提高幅度分别约为 27% 和 65%,拉压比随着钢纤维体积率的提高而增大。

钢纤维高强混凝土及对应普通高强混凝土劈裂破坏形态如图 2-7 所示,对应高强混凝土,劈裂破坏时伴有巨大的响声,试件一裂两半,表现为较高的脆性破坏特征。钢纤维的掺入也改变了高强混凝土的破坏方式,钢纤维高强混凝土试件破坏时裂而不散,并伴随微弱响声可见,钢纤维对高强混凝土的抗拉强度和主要由主拉应力控制的强度具有明显的改善作用。

　　　　(a) 钢纤维高强混凝土　　　　　　　　(b) 普通高强混凝土

图 2-7　钢纤维高强混凝土及对应普通高强混凝土劈裂破坏形态对比照片

(2)自然养护龄期对钢纤维高强混凝土抗拉强度的影响。

钢纤维高强混凝土的抗拉性能是钢纤维改性的最重要的力学性能指标之一,是钢纤维高强混凝土诸多优异特性最突出的体现。为了给后续钢纤维高强混凝土板冲切性能的研究提供准确的基础数据,使不同时间进行实验的板的数据具有可比性,分别制作了 4 组钢纤维高强混凝土(钢纤维体积率为 1.5%)和相应高强混凝土立方体试件,除 2 组龄期为 28 d 外,其他 6 组试件随板同步进行劈裂破坏测试,以探讨超过 28 d 后,随着养护龄期的增加,钢纤维高强混凝土抗拉强度的变化趋势。钢纤维高强混凝土试件抗拉强度随着养护龄期增加的变化规律如图 2-8 所示。

　　从图 2-8 可以看出,28 d 后,随着养护龄期的增加,钢纤维高强混凝土立方体抗拉强度提高不明显。养护龄期为 28 d、118 d、130 d 和 148 d 的钢纤维高强混凝土立方体抗拉强度增强比分别约为 1.85、1.94、1.88 和 1.9,变化幅度不大。由此,可以认为龄期超过 28 d 后,钢纤维高强混凝土的抗拉力学性能已经基本稳定,养护龄期的延长对钢纤维高强混凝土抗拉强度几乎没有影响。

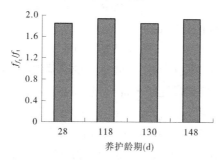

图 2-8　钢纤维高强混凝土立方体抗拉强度比与养护龄期的关系

　　钢纤维高强混凝土水泥用量大,早期强度发展很快,特别是加入高效减水剂后促进水化,强度发展更快。国内外许多单位实验结果表明,与普通混凝土相比,高强混凝土后期强度增长较低,28 d 后的强度变化很小,且随着混凝土基体强度等级的提高,趋势越加明显。根据本章钢纤维高强混凝土抗压及抗拉性能的测试,对于钢纤维高强混凝土表现出与上述相似的规律。由此,可以认为龄期超过 28 d 后,钢纤维高强混凝土的力学性能已经基本稳定,不受养护龄期的影响。

　　(3)钢纤维高强混凝土抗拉强度的计算方法。

　　我国目前常用的抗拉强度计算公式为

$$f_{\mathrm{t}} = 0.19 f_{\mathrm{cu}}^{\frac{3}{4}} \tag{2-12}$$

　　式(2-12)依据普通混凝土的实验资料得出,应用于高强混凝土给出的计算结果偏大,不适用于高强混凝土。

　　中国建筑科学研究院提出的高强混凝土抗拉强度与抗压强度的关系式为

$$f_t = 0.3 f_{cu}^{\frac{2}{3}} \qquad (2\text{-}13)$$

式(2-13)与欧洲 CEB-FIP 规范所建议的关系式相近,后者为

$$f_t = 0.3 (f_c')^{\frac{2}{3}} \qquad (2\text{-}14)$$

式中:f_c'为圆柱体抗压强度。

美国 ACI 高强混凝土委员会提出的计算公式为

$$f_t = 0.61 \sqrt{f_c'} \qquad (2\text{-}15)$$

依田彰彦建议的计算式为

$$f_t = 0.054 f_c' + 0.5 \qquad (2\text{-}16)$$

基于本书的实验数据并结合收集到的高强混凝土抗拉强度实验数据经统计分析,得到高强混凝土抗拉强度的计算公式为

$$f_t = 0.04 f_{cu} + 0.95 \qquad (2\text{-}17)$$

将本书实验值与式(2-17)的计算值进行比较,两者之比的平均值 μ 为 1.0,均方差 σ 为 0.046,变异系数 δ 为 0.046,符合程度较好。

对于钢纤维高强混凝土抗拉强度的计算,沿用式(2-3)钢纤维混凝土抗拉强度的计算模式为

$$f_{f_t} = f_t(1 + \alpha \lambda_f) \qquad (2\text{-}18)$$

式中:α 为钢纤维对钢纤维高强混凝土抗拉强度的影响系数。

对实验数据进行回归分析,得到 α 为 1.80,即钢纤维高强混凝土抗拉强度计算公式为

$$f_{f_t} = f_t(1 + 1.80 \lambda_f) \qquad (2\text{-}19)$$

将本书测得钢纤维高强混凝土抗拉强度实测值与式(2-19)的计算值进行比较,如表2-6所示,两者比值的平均值 μ 为 0.98,均方差 σ 为 0.077,变异系数 δ 为 0.079,符合程度较好。

(4)钢纤维对高强混凝土抗拉强度的增强机制。

对于钢纤维高强混凝土受拉破坏,由于钢纤维的弹性模量比混凝土高出一个数量级,在等拉应力的情况下,钢纤维对混凝土有约束作用,从而能有效地延缓、阻止裂缝的扩展。基体开裂后,裂缝间应力重分布,原先由基体承担的应力向钢纤维转移,开裂截面的全部荷载施加

表 2-6　钢纤维高强混凝土抗拉强度实测值和计算值的对比结果

基体强度 等级	钢纤维 体积率	立方体抗拉强度 实测值(MPa)	立方体抗拉强度 计算值(MPa)	实测值/ 计算值
CF50	1.5%	4.9	5.9	0.83
	1.5%	5.1	5.8	0.88
CF60	0	3.4	3.4	1.00
	0.5%	4.9	4.6	1.07
	1.0%	5.7	5.8	0.98
	1.5%	6.35	6.4	0.99
	2.0%	7.7	7.1	1.08
	2.5%	7.1	7.6	0.93
CF80	1.5%	8.2	8.1	1.01
	1.5%	8.3	7.9	1.05

到横跨裂缝的钢纤维上,通过钢纤维与混凝土的黏结,钢纤维又将荷载传到未开裂的混凝土基体上。正是与混凝土的这种复合效应,特别是随着混凝土基体强度等级的提高,钢纤维与基体间黏结力增强,界面得到了强化,钢纤维与混凝土的复合效应更加显著,使混凝土的抗拉强度得到较大提高。

2.3.2.3　钢纤维高强混凝土的抗折强度

抗折强度是评价混凝土弯曲性能的最重要的力学指标。本书以钢纤维体积率和混凝土基体强度等级为变量,对钢纤维高强混凝土的抗折强度进行了实验研究,旨在探讨钢纤维掺量和混凝土强度等级对钢纤维高强混凝土抗折强度的影响规律。并基于实验数据回归出钢纤维高强混凝土抗折极限强度的计算公式。

钢纤维高强混凝土棱柱体试件抗折破坏荷载的测试,按照《钢纤维混凝土试验方法标准》(CECS 13:89)的有关规定。试件破坏时的折断面如位于两个集中荷载之间,则按式(2-20)计算抗折强度:

$$f_{f_{tm}} = \frac{Fl}{bh^2} \tag{2-20}$$

式中:F 为混凝土抗折破坏的最大荷载,kN;l 为支座间距,mm;b 为试件截面宽度,mm;h 为试件截面高度,mm。

高强混凝土及钢纤维高强混凝土棱柱体抗折强度的实验结果见表 2-7。

表 2-7　高强混凝土及钢纤维高强混凝土棱柱体抗折强度的实验结果

基体强度等级	钢纤维体积率	抗折破坏荷载(kN)		抗折强度(MPa)	抗折强度平均值(MPa)	抗折强度比
CF50	0	1	28	8.4	8.6	1.0
		2	27	8.1		
		3	31	9.3		
CF50	1.5%	1	37	11.1	10.6	1.23
		2	35	10.5		
		3	34	10.2		
CF60	0	1	36	10.8	9.9	1.0
		2	33	9.9		
		3	30	9		
CF60	0.5%	1	34	10.2	10.3	1.04
		2	32	9.6		
		3	37	11.1		
CF60	1.0%	1	36	10.8	10.8	1.09
		2	34	10.2		
		3	38	11.4		

续表 2-7

基体强度等级	钢纤维体积率	抗折破坏荷载(kN)		抗折强度(MPa)	抗折强度平均值(MPa)	抗折强度比
CF60	1.5%	1	38	11.4	12.8	1.29
		2	45	13.5		
		3	45	13.5		
CF60	2.0%	1	52	15.6	16	1.62
		2	50	15		
		3	58	17.4		
CF60	2.5%	1	45	13.5	14.5	1.46
		2	48	14.4		
		3	52	15.6		
CF80	0	1	38	11.4	11.5	1.0
		2	43	12.9		
		3	34	10.2		
CF80	1.5%	1	50	15	14.9	1.30
		2	48	14.4		
		3	51	15.3		

（1）钢纤维高强混凝土抗折破坏形态。

在进行抗折荷载测试时,高强混凝土试件均为脆性断裂,即一裂即断为两半,并伴随较大的断裂声。钢纤维高强混凝土试件断裂后,由于受拉区钢纤维的作用,试件顶部仍保持一定的受压区,已断开部位的钢纤维被拔出,表现出较好的延性。

（2）钢纤维体积率和混凝土基体强度等级对钢纤维高强混凝土抗折强度的影响。

图 2-9 和图 2-10 分别给出了不同钢纤维体积率、不同混凝土基体

强度等级的钢纤维高强混凝土棱柱体试件的抗折强度增强比(钢纤维高强混凝土棱柱体试件抗折强度与相应高强混凝土棱柱体对比试件抗折强度的比值)随钢纤维体积率和基体强度等级的变化规律。

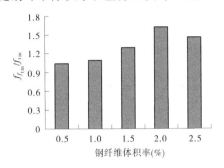

图 2-9　钢纤维体积率与钢纤维高强混凝土棱柱体抗折强度比的关系

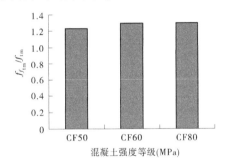

图 2-10　基体强度等级对高强钢纤维混凝土棱柱体抗折强度比的影响

从表 2-7 和图 2-9 中可以看到,在混凝土基体强度等级相同的情况下,随着钢纤维体积率的增加,高强混凝土抗折强度逐渐提高,两者关系为非线性。随钢纤维体积率 V_f 的进一步增大,抗折强度 $f_{f_{tm}}$ 的增加变得比较明显。当 V_f 从 0 增加到 0.5% 和 1.0% 时,其抗折强度增加幅度分别为 4% 和 9%。而当 V_f 增加到 2.0% 时,其抗折强度提高幅度高达 62%。文献[22]中普通钢纤维混凝土的抗折强度随钢纤维含量的增加而提高,两者关系近似为线性。从本实验结果看,高强混凝土中掺入钢纤维少时,对其抗折强度的提高幅度不明显。但钢纤维掺量不能太大,否则影响高强混凝土的抗折性能,如钢纤维体积率增至 2.5%,

其对抗折强度的增强幅度为 46%,提高幅度呈现下降趋势。

从表 2-7 和图 2-10 中可以看到,随着混凝土基体强度等级的提高,高强混凝土和钢纤维高强混凝土的抗折强度均得到了提高,但钢纤维高强混凝土抗折强度提高比较显著。相较于混凝土基体为 CF50 的高强混凝土的抗折强度,混凝土基体强度等级为 CF60 和 CF80 的高强混凝土抗折强度分别提高约为 15% 和 34%,而相应的钢纤维高强混凝土的抗折强度提高幅度分别约为 21% 和 41%。

(3)钢纤维高强混凝土抗折极限强度的计算。

根据本章钢纤维高强混凝土棱柱体抗折试件的实验结果,参照式(2-3)的计算模式统计回归分析得:

$$f_{f_{tm}} = f_{tm}(1 + 0.89\lambda^{1.8}) \qquad (2-21)$$

式中:$f_{f_{tm}}$ 为钢纤维高强混凝土抗折极限强度,MPa;f_{tm} 为相应高强混凝土抗折极限强度,MPa。

将本书测得钢纤维高强混凝土棱柱体试件的抗折强度实测值与按式(2-21)的计算值进行比较,如表 2-8 所示,两者比值的平均值 μ 为 0.998,均方差 σ 为 0.056,变异系数 δ 为 0.056,符合程度较好。

表 2-8 高强混凝土和钢纤维高强混凝土抗折强度实测值和计算值的对比结果

基体强度等级	钢纤维体积率	立方体抗折强度实测值(MPa)	立方体抗折强度计算值(MPa)	实测值/计算值
CF50	0	8.6	8.6	1.0
	1.5%	10.6	10.88	0.97
CF60	0	9.9	9.9	1.0
	0.5%	10.3	10.26	1.0
	1.0%	10.8	11.13	0.97
	1.5%	12.8	12.53	1.02
	2.0%	16	14.31	1.12
	2.5%	14.5	16.48	0.88
CF80	0	11.5	11.5	1.0
	1.5%	14.9	14.55	1.02

2.3.2.4 钢纤维高强混凝土弹性模量

实验研究表明,按照普通强度钢纤维混凝土静力受压弹性模量的取值方法,在 0~0.4 轴心抗压强度的加卸载过程中,加载前已有的界面裂缝基本稳定,即使骨料与砂浆的界面裂缝有些发展,因骨料的边壁效应,钢纤维对界面裂缝的作用很小,弹性模量基本不受钢纤维加入的影响。然而,钢纤维体积率和强度等级对高强混凝土静力受压弹性模量的影响是否与普通强度的钢纤维混凝土具有相似的规律,仍然需要实验验证,本书在这方面进行了实验研究。

按照文献[6]中的有关规定,在 3 000 kN 压力实验机上进行静力受压弹性模量实验,如图 2-11 所示。变形量测标距为 150 mm,钢纤维高强混凝土静力受压弹性模量按式(2-22)计算:

$$E_{f_c} = \frac{F_{con} - F_i}{A} \times \frac{l}{u} \tag{2-22}$$

式中:E_{f_c} 为钢纤维高强混凝土静力受压弹性模量,MPa;F_{con} 为应力 40%轴心抗压强度时的控制荷载,kN;F_i 为应力 0.5 MPa 时的初始荷载,kN;A 为试件承压面积,mm^2;u 为最后一次从 F_i 到 F_{con} 时试件的变形值,mm;l 为变形测量标距,mm。

图 2-11　弹性模量测试实验装置

高强混凝土和钢纤维高强混凝土棱柱体受压弹性模量的实验结果如表 2-9 所示。

表 2-9　高强混凝土和钢纤维高强混凝土棱柱体受压弹性模量的实验结果

基体强度等级	钢纤维体积率	弹性模量（MPa）		平均值（MPa）	弹模比
CF50	0	1	33 554	34 161	1.0
		2	34 651		
		3	34 279		
CF50	1.5%	1	35 798	35 928	1.05
		2	36 894		
		3	35 092		
CF60	0	1	37 669	37 532	1.0
		2	38 109		
		3	36 817		
CF60	0.5%	1	39 033	38 991	1.04
		2	38 912		
		3	39 027		
CF60	1.0%	1	39 889	39 663	1.06
		2	38 602		
		3	40 499		
CF60	1.5%	1	40 931	41 016	1.09
		2	41 026		
		3	41 092		
CF60	2.0%	1	42 411	42 806	1.14
		2	43 037		
		3	42 971		

续表 2-9

基体强度等级	钢纤维体积率	弹性模量（MPa）		平均值（MPa）	弹模比
CF60	2.5%	1	40 637	41 502	1.11
		2	41 261		
		3	42 609		
CF80	0	1	45 961	45 879	1.0
		2	45 608		
		3	46 067		
CF80	1.5%	1	48 944	49 335	1.08
		2	48 024		
		3	51 037		

（1）钢纤维体积率和混凝土基体强度等级对钢纤维高强混凝土受压弹性模量的影响。

钢纤维高强混凝土弹性模量随着钢纤维体积率和混凝土强度等级的增大而缓慢提高，见图 2-12 和图 2-13。钢纤维高强混凝土的弹性模量大于普通钢纤维混凝土和普通混凝土的弹性模量。其原因在于：一方面，实验所用的粗骨料物理力学指标均大于常用的砂石、砾石等普通石子，这种系列的混凝土有着较高的弹性模量；另一方面，胶凝体与界面特性不同，随着基体强度等级的提高，为了保证混凝土的和易性和高强度，本书中钢纤维高强混凝土中掺入了高效减水剂和硅粉，这些掺料不同程度地发挥了形态效应、微集料效应与活性效应，致密了基体结构、细化与微化了孔隙，基体与粗骨料界面黏结力增强，故高强混凝土有较高的弹性模量。而钢纤维的掺入，起着阻裂与约束侧向膨胀的作用，在一定程度上又提高了材料的弹性模量。但钢纤维对高强混凝土弹性模量的提高同对抗压强度、抗拉强度一样存在一个最佳掺量问题。当钢纤维体积率在 2.0% 以内时，钢纤维高强混凝土的弹性模量随着钢纤维掺量的增加而有一定的提高,提高幅度为 4%~14%。当钢纤维体积率超过 2.0%时,钢纤维高强混凝土弹性模量的增长幅度开始下降:当钢纤维体积率为 2.5%时,钢纤维高强混凝土弹性模量的增强比由 2.0%时的 14%降为 11%。

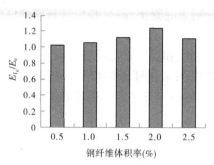

图 2-12　钢纤维体积率与钢纤维高强混凝土弹模比的关系

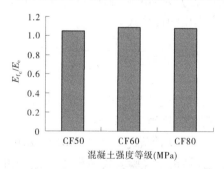

图 2-13　基体强度等级对钢纤维高强混凝土弹模比的影响

(2)钢纤维高强混凝土弹性模量计算。

混凝土静力受压弹性模量是衡量混凝土构件刚度及变形的重要参数。弹性模量是计算混凝土构件变形、裂缝开展所必需的。关于高强混凝土的弹性模量,目前已建立了很多经验公式,由于材料配合比及骨料的弹性模量、组成、品种、用量的不同、实验方法的差异,给出的数据相差较大。这些公式中最具代表性的有:

Counto 建立了混凝土组成的模型并用以计算混凝土的弹性模量,

计算式如下:

$$\frac{E_c}{E_m} = 1 + \frac{V_a}{\sqrt{V_a} - V_a + \dfrac{E_m}{E_a - E_m}} \qquad (2\text{-}23)$$

式中:E_c、E_m、E_a 分别为混凝土、砂浆和粗骨料的弹性模量,MPa;V_a 为粗骨料的体积用量。

由于混凝土的强度和容重都能反映混凝土的组成和内部结构,因此影响混凝土强度的因素也同样影响其弹性模量。美国 ACI 和英国 CP 采用与混凝土容重及标准圆柱体强度有关的经验公式计算混凝土的弹性模量。

美国:
$$E_c = 0.043\rho^{\frac{3}{2}}(f_c')^{\frac{1}{2}} \qquad (2\text{-}24)$$

英国:
$$E_c = 9.1\rho(f_c')^{\frac{1}{3}} \qquad (2\text{-}25)$$

式中:ρ 为混凝土容重;f_c'为标准圆柱体抗压强度,MPa。

日本依田彰彦提出的计算式为

$$E_c = \frac{1}{\dfrac{0.572\ 5}{f_c'} + 0.015\ 53} \times 10^3 \qquad (2\text{-}26)$$

这些结果表明,混凝土的弹性模量受强度影响,但其关系是非线性的,弹性模量随混凝土强度增大而提高。

我国《混凝土结构设计规范》(GB 50010—2010)认定,从 C50～C80 的高强混凝土弹性模量经验公式和普通混凝土相同:

$$E_c = \frac{1}{2.2 + \dfrac{34.74}{f_{cu}}} \times 10^5 \qquad (2\text{-}27)$$

式中:f_{cu}为混凝土立方体抗压强度,MPa。

文献[17]认为,普通强度的钢纤维混凝土的弹性模量基本上不受钢纤维加入的影响,普通混凝土的弹性模量与立方体抗压强度的关系式对钢纤维混凝土也是适用的。《纤维混凝土结构技术规程》(CECS 38:2004)中钢纤维混凝土受压弹性模量的确定也是根据现行有关混凝土结构设计规范的规定采用的。

根据实验结果,钢纤维高强混凝土的弹性模量随着钢纤维体积率和混凝土基体强度等级的增大而缓慢提高,经统计分析,得到高强混凝土立方体抗压强度为 50~100 MPa 的钢纤维高强混凝土弹性模量的计算公式为

$$E_{f_c} = (0.4 \sqrt{f_{cu}} + 0.65)(1 + 0.095\lambda_f^{0.4}) \times 10^4 \qquad (2\text{-}28)$$

式中:f_{cu} 为与钢纤维高强混凝土相应的高强混凝土立方体抗压强度,MPa。

为了验证公式的准确性,将式(2-28)的计算值与实测值进行了比较,结果见表 2-10,实测值与计算值之比的平均值 μ 为 1.01,均方差 σ 为 0.028,变异系数 δ 为 0.028,可见,符合程度较好。

表 2-10　高强混凝土和钢纤维高强混凝土受压弹性模量
实测值和计算值的对比结果

基体强度等级	钢纤维体积率	棱柱体弹性模量实测值(MPa)	棱柱体弹性模量计算值(MPa)	实测值/计算值
CF50	0	34 161	34 385	0.99
	1.5%	35 928	36 880	0.97
CF60	0	37 532	37 920	0.99
	0.5%	38 991	39 693	0.98
	1.0%	39 663	40 260	0.99
	1.5%	41 016	40 672	1.01
	2.0%	42 806	41 007	1.04
	2.5%	41 502	41 295	1.01
CF80	0	45 879	43 659	1.05
	1.5%	49 335	46 827	1.05

2.4 小 结

通过对钢纤维高强混凝土的配制和钢纤维高强混凝土基本力学性能的实验研究和理论分析,得出以下结论:

(1)通过材料优选和适宜的配合比设计,采用常规制备工艺可以配制出拌和性能良好及满足强度要求的钢纤维高强混凝土。骨料级配优化和高效减水剂或高效减水剂和硅粉的掺加方法是本研究获得高强混凝土及钢纤维高强混凝土的技术关键。

(2)钢纤维掺量、水泥用量、水灰比和砂率对混凝土的拌和性能有明显影响,钢纤维掺量、水泥用量和水灰比对混凝土强度有明显影响。钢纤维、减水剂和硅粉的掺量存在最优范围,配制实用的高强混凝土及钢纤维高强混凝土,关键在于正确处理上述影响因素之间的关系。

(3)高强混凝土的抗压强度和抗拉强度随着混凝土基体强度等级的增大而提高,但拉压比降低比较显著,表现出高脆性。而掺入钢纤维与之复合后,钢纤维高强混凝土的拉压比随钢纤维掺量的增加而提高,脆性下降,表现在破坏时混凝土裂而不散,破坏形态稳定,且随着钢纤维体积率在一定范围内的增加,影响越显著。

(4)其他条件相同时,相较于钢纤维对高强混凝土抗压强度的影响,钢纤维对高强混凝土的抗拉强度和抗折强度提高更为显著。在钢纤维体积率为 2.0% 时,对其抗压强度提高 37.9%,而对其抗折强度增加 62%,对其抗拉强度的增长率高达 126%。但钢纤维对高强混凝土的力学性能的改善存在一个最佳掺量范围,钢纤维体积率为 2.0% 时,对钢纤维高强混凝土的增强效果最显著。

(5)随着钢纤维体积率和基体强度等级的提高,钢纤维高强混凝土的弹性模量有所增大,但增大幅度较小。

(6)高强混凝土和钢纤维高强混凝土在自然养护条件下,到达28 d龄期,力学性能已经基本稳定,其力学性能指标基本不再随龄期的增长而变化。

(7)根据实验结果,分别建立了适用于钢纤维高强混凝土并与普通钢纤维混凝土相衔接的抗压强度、抗拉强度、抗折强度和弹性模量的计算公式,计算值与实验结果符合较好。

参考文献

［1］D J Hannant.纤维水泥与纤维混凝土［M］.陆建业,译.北京:中国建筑出版社,1986.

［2］J P Romuoldi, G B Batson.Behavior of reinforced concrete beams with closely spaced reinforcedment［J］.ACI Journal, June 1963,135-142.

［3］ACI Committee544. Measurement of properties of fiber reinforced concrete［J］.ACI Journal, July 1988,201-211.

［4］日本土木学会、鋼繊維補強コンクリート設計施工指針(案)［S］.コンクリートライブラリー、No.50,1983.

［5］大连理工大学.纤维混凝土结构技术规程:CECS 38:2004［S］.北京:中国计划出版社,2004.

［6］哈尔滨建筑工程学院,大连理工大学.钢纤维混凝土试验方法标准:CECS 13:89［S］.北京:中国计划出版社,1996.

［7］Tat-Seng Lok, Member, Jin-song Pei.Flexural behaviour of steel fiber concrete［J］.JOURNAR OF MATERIALS IN CIVIL ENGINEERING,May,1998:432-439.

［8］H V D Warakanath, T Sagaraj.Comparative study of predictions of flexural strength of steel fiber concrete［J］. ACI Structural Journal, November/Decemeber, 1991,563-572.

［9］Samir A Ashour, Ghazi, Faisai.Shear behaviour of high-strength fiber reinforced concrete beams［J］.ACI Structural Journal,March-April,1995:163-172.

［10］刘伟庆,丁大钧,蒋永生.钢纤维高强混凝土梁刚度的试验研究［J］.建筑结构学报,1992(1):22-29.

［11］张远鹏.钢纤维高强混凝土抗弯韧性及弯曲疲劳性能的研究［D］.大连:大连理工大学,1998.

［12］姚武.钢纤维高强混凝土的力学性能研究［J］.新型建筑材料,1999,10:18-19.

［13］林旭健.钢纤维高强混凝土冲切板的试验研究［D］.杭州:浙江大学,1999.

［14］汤寄予.纤维高强混凝土基本力学性能的试验研究［D］.郑州:郑州大学,2003.

[15] 谢丽.钢纤维高强混凝土弯曲与黏结性能试验研究[D].郑州:郑州大学, 2003.

[16] 关丽秋,赵国藩.钢纤维混凝土在单向拉伸时的增强机理与破坏形态的分析 [J].水利学报,1986(9):2-9.

[17] 高丹盈,赵军,朱海堂.钢纤维混凝土设计与应用[M].北京:中国建筑工业出 版社,2002.

[18] 安玉杰.钢纤维混凝土计算方法的研究[D].大连:大连理工大学,1990.

[19] 高丹盈,刘建秀.钢纤维混凝土基本理论[M].北京:科学技术文献出版社, 1994.

[20] 吴中伟,廉慧珍.高性能混凝土[M].北京:中国铁道出版社,1999.

[21] 陈肇元,朱金拴,吴佩钢.高强混凝土及其应用[M].北京:清华大学出版社, 1996.

[22] 王璋水.钢纤维混凝土抗折强度和抗折弹性模量试验研究[C]//全国第三届 纤维水泥制品与纤维混凝土学术会议论文集,1990.

[23] 中华人民共和国住房和城乡建设部.混凝土结构设计规范:GB 50010—2010 [S].北京:中国建筑工业出版社,2010.

[24] 赵军.钢筋钢纤维增强部分混凝土构件力学性能及设计方法的研究[D].哈 尔滨:哈尔滨建筑大学,2000.

[25] 赵军,高丹盈,汤寄予.聚丙烯纤维高强混凝土的力学性能[J].混凝土,2005 (5):10-12.

[26] 高丹盈,赵军,朱海堂.钢筋钢纤维混凝土牛腿受剪承载力试验研究[J].建筑 结构学报,2006,27(2):100-106.

[27] 高丹盈,赵军,汤寄予.掺有纤维的高强混凝土劈拉性能试验研究[J].土木工 程学报,2005,38(7):21-26.

第 3 章　钢纤维混凝土冻融性能实验研究

通过对 90 个 100 mm×100 mm×100 mm、45 个 100 mm×100 mm×400 mm 钢纤维混凝土试件进行实验研究,以钢纤维体积率、混凝土强度等级和冻融次数为变量,研究了不同体积率、不同强度等级的钢纤维混凝土在冻融破坏下混凝土质量损失、动弹性模量、抗压强度、劈拉强度,以及抗折强度的变化规律。

3.1　实验概况

3.1.1　原材料

水泥采用中原水泥厂生产的中原牌普通硅酸盐水泥 42.5R;中砂级配良好;碎石 5~25 mm 连续级配;本研究采用的钢纤维主要力学性能见表 3-1。

表 3-1　钢纤维主要力学性能

种类	直径 (×10^{-3} mm)	长度 (mm)	抗拉强度 (N/mm^2)	弹性模量 (N/mm^2)	拉断时伸长 (%)
铣削型	943.6	32.31	380~800	200 000	0.5~3.5

3.1.2　实验方案

对 C20、C30、C40 三个强度等级的混凝土进行研究,C20 钢纤维混凝土中钢纤维的体积率为 1.0%;C30 钢纤维混凝土中钢纤维的体积率分别为 1.0%、2.0%;C40 钢纤维混凝土中钢纤维的体积率为 1.0%。冻融实验一共制作了 90 个 100 mm×100 mm×100 mm 的混凝土试件、45 个 100 mm×100 mm×400 mm 的混凝土试件。混凝土的配合比见表 3-2。

表 3-2　混凝土的配合比　　　　（单位：kg/m³）

强度等级	钢纤维体积率	水泥	砂	碎石	水	钢纤维	水灰比
C20	1.0%	403	817	1 000	210	78.67	0.52
C30	0	432	615	1 143	190	0	0.44
	1.0%	477	787	958	210	78.67	0.44
	2.0%	509	858	585	224	157.34	0.44
C40	1.0%	567	743	907	210	78.67	0.37

　　混凝土的冻融循环实验按照《普通混凝土长期性能和耐久性能试验方法》（GB/T 50082—2009）中抗冻性能实验的快冻法进行。采用 TDR1 型混凝土快速冻融实验机，试件在饱水状态下进行快速冻融实验，在冻结和融化终了时，试件中心温度应分别控制在（-17±2）℃ 和（8±2）℃。

　　原方案分别冻融 50 次、100 次，测试混凝土的动弹性模量、质量、抗压强度、劈拉强度和抗折强度，但根据冻融 50 次的结果，考虑到 C20 强度等级的混凝土强度较低，冻融性能较差，将 100 次调整到 75 次，并对冻融前后的混凝土进行外观描述。

3.2　钢纤维混凝土抗剥落性能分析

　　混凝土冻融破坏首先表现为表层剥落，由表及里进行冻害损伤。原因在于混凝土表面层含水率通常大于其内部含水率，且受冻时表面的温度又低于内部的温度，所以冻害往往是由表面层开始逐步深入发展的。故探寻混凝土的剥落机制，提高混凝土的抗剥落性及其耐久性显得尤为重要。混凝土的抗剥落性能用混凝土的质量损失率（试件冻融前后质量之差与试件冻融前质量的比值）表示。本节对掺入不同体积率的钢纤维混凝土及不同强度等级的钢纤维混凝土进行了实验研究,力图寻求钢纤维体积率及混凝土的强度等级对混凝土抗剥落性的影响规律。

3.2.1　实验方法与试件尺寸

到达实验龄期(28 d)的前 4 d,将试件在(20±3)℃的水中浸泡 4 d。然后将已浸水的试件擦去表面水分后,称初始质量,同时对试件进行照相。经过 50 次、75 次冻融循环后,从冻融箱中取出试件盒,小心将试件从试件盒中取出,冲洗干净擦去表面水分后,称其冻融后的质量。实验所用的试件为 100 mm 边长的立方体试件及 100 mm×100 mm×400 mm 的混凝土试件。

3.2.2　实验结果及其分析

试件冻融前后质量测试结果见表3-3。

表3-3　试件冻融前后质量测试结果

编号	抗压试件 (100 mm×100 mm×100 mm)		质量损失率(%)	劈拉试件 (100 mm×100 mm×100 mm)		质量损失率(%)	抗折试件 (100 mm×100 mm×400 mm)		质量损失率(%)
	冻融前(kg)	冻融后(kg)		冻融前(kg)	冻融后(kg)		冻融前(kg)	冻融后(kg)	
D502010	2.510	2.32	7.57	2.550	2.35	7.84	9.65	9.53	1.24
	2.475	2.43	1.82	2.490	2.38	4.42	9.65	9.28	3.83
	2.460	2.44	0.81	2.450	2.44	0.41	9.63	9.30	3.43
D503000	2.460	2.43	1.22	2.480	2.47	0.40	9.83	9.73	1.02
	2.495	2.5	0	2.485	2.49	0	9.79	9.76	0.31
	2.460	2.45	0.41	2.460	2.46	0	9.90	9.92	0
D503010	2.470	2.47	0	2.485	2.48	0.20	9.71	9.36	3.60
	2.480	2.47	0.40	2.470	2.47	0	9.71	9.7	0.10
	2.485	2.49	0	2.500	2.50	0	9.71	9.74	0

续表 3-3

编号	抗压试件 (100 mm×100 mm×100 mm)		质量损失率 (%)	劈拉试件 (100 mm×100 mm×100 mm)		质量损失率 (%)	抗折试件 (100 mm×100 mm×400 mm)		质量损失率 (%)
	冻融前 (kg)	冻融后 (kg)		冻融前 (kg)	冻融后 (kg)		冻融前 (kg)	冻融后 (kg)	
D503020	2.465	2.46	0.20	2.485	2.50	0	10.03	9.85	1.79
	2.495	2.47	1.00	2.560	2.57	0	9.83	9.86	0
	2.490	2.48	0.40	2.535	2.54	0	9.84	9.86	0
D504010	2.485	2.49	0	2.505	2.50	0.20	9.71	9.72	0
	2.505	2.51	0	2.470	2.47	0	9.65	9.63	0.21
	2.545	2.55	0	2.495	2.50	0	9.945	9.94	0.05
D752010	2.48	2.46	0.81	2.48	2.48	0	9.83	9.75	0.81
	2.47	2.43	1.62	2.465	2.38	3.45	9.82		
	2.435	2.32	4.72	2.465	2.45	0.61	9.73		
D753000	2.51	2.49	0.80	2.52	2.52	0	9.73	9.755	0
	2.575	2.59	0	2.5	2.5	0	9.79	9.78	0.10
	2.565	2.575	0	2.505	2.52	0	9.84	9.85	0
D753010	2.505	2.51	0	2.47	2.48	0	9.69	9.66	0.31
	2.525	2.525	0	2.485	2.485	0	9.91	9.73	1.82
	2.49	2.5	0	2.45	2.465	0	9.94	9.94	0
D753020	2.495	2.5	0	2.475	2.51	0	9.8	9.86	0
	2.465	2.45	0.61	2.48	2.49	0	10	10.03	0
	2.48	2.47	0.40	2.51	2.515	0	9.84	9.86	0
D754010	2.53	2.54	0	2.4	2.42	0	9.79	9.78	0.10
	2.52	2.53	0	2.405	2.43	0	9.88	9.9	0
	2.53	2.54	0	2.405	2.42	0	9.92	9.97	0

注:编号意义:D×××××前两位数表示冻融次数,中间两位数表示混凝土强度等级,最后两位数表示钢纤维体积率,如 D502010 表示钢纤维体积率为 1.0%,冻融循环次数为 50 次,强度等级为 C20 的混凝土。在折线图中显示的数字 20、30、40 并不代表混凝土的实际强度,只是表示混凝土的强度等级。

3.2.2.1 钢纤维体积率对混凝土质量损失的影响

图3-1表示素混凝土和钢纤维体积率分别是1.0%、2.0%及水灰比为0.44的混凝土在冻融循环50次后的质量损失变化规律。图3-2表示素混凝土和钢纤维体积率分别为1.0%、2.0%及水灰比为0.44的混凝土在冻融循环75次后的质量损失变化规律。

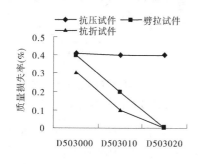

图3-1 钢纤维混凝土体积率对
质量损失的影响(冻融50次)

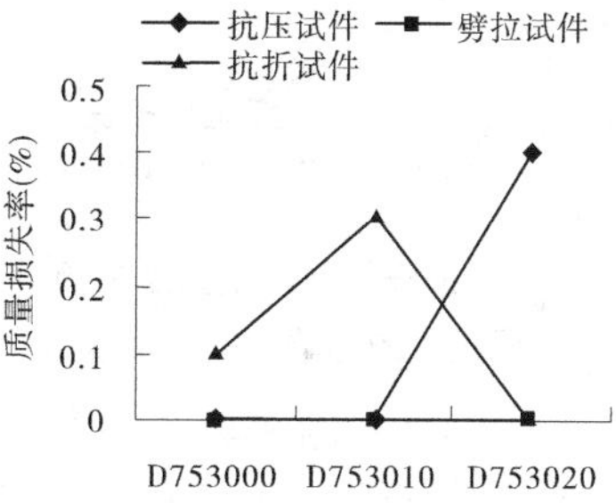

图3-2 钢纤维混凝土体积率对
质量损失的影响(冻融75次)

从图3-1中可以看出,随着钢纤维体积率的提高,钢纤维混凝土的质量损失呈明显的降低趋势,钢纤维对遭受损伤的混凝土质量损失的改善作用比较明显。原因在于混凝土质量损失主要是由于混凝土试件表面浆体剥落,表面剥落一般使表面浆体层解体,在混凝土中乱向分布的钢纤维对其具有约束作用,从而使混凝土剥落时间延迟。在混凝土中分散良好的钢纤维自身很少发生剥落,这样钢纤维的存在减少了有效剥落面积,也可以使剥落速度下降。所以,随着钢纤维体积率的提高,混凝土的抗剥落能力增强。对冻融循环50次、75次过程中的质量损失进行对比,发现冻融循环75次的混凝土的质量损失小于冻融循环50次的质量损失。这是因为混凝土内部存在微裂缝,随着冻融次数的增加,又产生新的微裂缝,这些微裂缝吸水饱和引起质量增加。

3.2.2.2 钢纤维混凝土强度等级对混凝土质量损失的影响

图3-3表示水灰比分别是0.52、0.44、0.37的钢纤维混凝土($\rho_f = 1.0\%$)冻融循环50次后质量损失的变化规律。图3-4表示水灰比分别是0.52、0.44、0.37的钢纤维混凝土($\rho_f = 1.0\%$)冻融循环75次后质

量损失的变化规律。

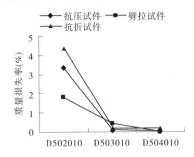

图 3-3　钢纤维混凝土强度等级对
质量损失的影响(冻融 50 次)

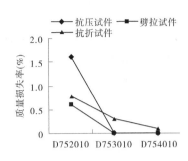

图 3-4　钢纤维混凝土强度等级对
质量损失的影响(冻融 75 次)

从图 3-3 和图 3-4 中可以看出,随着钢纤维强度等级的提高,钢纤维混凝土的质量损失呈明显的降低趋势。这是因为水灰比直接影响混凝土的孔隙率和孔结构。随着水灰比的增加,不仅饱和水的开孔总体积增加,而且混凝土中毛细孔径也大,且形成了连通的毛细孔体系,因而其中缓冲作用的储备孔很少,受冻后极易产生较大的膨胀压力和渗透压力,反复循环后,必然使混凝土遭受破坏,剥落严重,因而混凝土的抗冻性降低。

3.3　钢纤维混凝土损伤速率的研究

冻结速率越快对混凝土破坏力越强,因此降低混凝土冻融损伤速率,对提高混凝土的抗冻性及耐久性有重要的意义。混凝土的损伤速率用相对动弹性模量(冻融后的动弹性模量与冻融前相应动弹性模量的比值)来表示。本节对不同钢纤维体积率的钢纤维混凝土及不同强度等级的钢纤维混凝土进行了实验研究,力图寻求钢纤维体积率及混凝土的强度等级对混凝土损伤速率的影响规律。

3.3.1　实验方法与试件尺寸

到达实验龄期(28 d)的前 4 d,将试件在(20±3)℃的水中浸泡 4 d。

将已浸水的试件擦去表面水后,用动弹仪测试其初始动弹性模量,同时对试件进行照相。经过 50 次、75 次冻融循环后,从冻融箱中取出试件盒,小心将试件从试件盒中取出,冲洗干净擦去表面水分后,称其冻融后相应的动弹性模量。实验所用的试件为 100 mm 边长的立方体试件及 100 mm×100 mm×400 mm 的混凝土试件。

3.3.2　实验结果及其分析

试件抗折强度及动弹性模量见表 3-4。

表 3-4　试件抗折强度及动弹性模量

编号	序号	冻前抗折强度（MPa）	平均（MPa）	冻前动弹性模量（MPa）	平均动弹性模量（Mpa）	冻后抗折强度（MPa）	平均（MPa）	冻后动弹性模量（MPa）	平均动弹性模量（MPa）	相对动弹性模量（MPa）
D502010	1	5.22		33.76		0.30		42.87		
	2	4.62	4.72	33.70	33.48	0.18	0.18	27.50	31.9	95.29
	3	4.32		32.97		0.15		25.33		
D503000	1	5.01		41.24		0.24		25.39		
	2	4.65	4.64	40.66	41.23	0.24	0.24	29.29	31.31	75.94
	3	4.26		41.79		0.12		39.25		
D503010	1	6.12		36.82		0.42		21.83		
	2	4.56	4.92	37.24	37.12	0.78	0.78	36.21	31.41	84.63
	3	4.92		37.29		0.78		36.19		
D503020	1	6.3		37.70		1.44		36.94		
	2	6.12	6.21	36.60	36.54	2.40	2.19	36.95	38.53	105.46
	3			35.31		2.19		41.70		
D504010	1	5.22		33.76		2.19		29.08		
	2	5.49	5.34	33.70	33.48	1.68	1.8	28.02	29.07	86.85
	3	5.31		32.97		1.80		30.12		

续表 3-4

编号	序号	冻前抗折强度（MPa）	平均（MPa）	冻前动弹性模量（MPa）	平均动弹性模量（Mpa）	冻后抗折强度（MPa）	平均（MPa）	冻后动弹性模量（MPa）	平均动弹性模量（MPa）	相对动弹性模量（MPa）
	1	5.76		37.79		0.36		31.64		
D752010	2	5.67	5.71	37.19	37.22		0.36		31.64	85.02
	3	5.70		36.67						
	1	6.51		44.26		0.75		23.24		
D753000	2	6.12	6.51	43.73	43.94	0.63	0.63	29.82	26.90	61.22
	3	7.65		43.84		0.39		27.65		
	1	7.14		41.24		1.95		28.20		
D753010	2	7.53	7.13	41.68	41.24	1.47	1.74	24.05	26.76	64.88
	3	6.72		40.8		1.74		28.02		
	1	7.29		35.44		0.42		28.97		
D7530020	2	6.51	6.8	37.73	36.66	0.39	0.42	36.38	31.30	85.39
	3	6.60		36.81		1.17		28.56		
	1	7.02		39.86		1.50		32.23		
D754010	2	7.47	7.02	41.37	41.26	1.65	1.65	31.87	32.81	79.53
	3	5.46		42.55		2.88		34.34		

注：当一组试件中强度的最大值或最小值与中间值之差超过中间值的 15%，取中间值作为该组试件的强度代表值，后同。

3.3.2.1　钢纤维体积率及冻融循环次数对混凝土损伤速率的影响

图 3-5 表示素混凝土和钢纤维体积率分别为 1.0%、2.0%，水灰比为 0.44 的钢纤维混凝土相对动弹性模量的变化规律。

从图 3-5 中可以明显看出，钢纤维体积率和冻融循环次数的变化对混凝土试件损伤速率的影响。钢纤维体积率从 0 提高到 1.0%，从 1.0% 提高到 2.0% 时冻融循环分别为 50 次、75 次的混凝土试件的相对动弹性模量曲线斜率基本一致，表明其损伤速率相同。也就是说，钢纤维体积率的增大对不同冻融循环次数混凝土的相对动弹性模量提高的

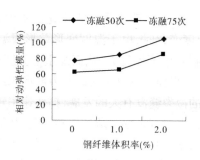

图 3-5　钢纤维体积率对混凝土弹性模量的影响

幅度相差不大。

随着钢纤维体积率的增加,混凝土的相对动弹性模量呈上升趋势,表明没有掺加钢纤维的混凝土损伤速率最快,掺入钢纤维后,钢纤维混凝土损伤速率减慢,冻融循环过程中动弹性模量的降低得到了抑制,使其抗冻融循环次数增加,抗冻能力提高。动弹性模量的下降,主要是试件内部形成微裂缝所致,裂缝的引发和开展是冻融循环在混凝土中产生破坏力作用的结果。混凝土中的钢纤维部分承受变形能力,这样使混凝土本身承受的引发裂缝和促进裂缝开展的冻融破坏力减小。对于已经引发的裂缝,跨越裂缝的钢纤维可以承担大部分使裂缝进一步发展的冻融破坏力,减弱裂缝尖端的应力集中,阻止裂缝的开展。所以,钢纤维可以阻止和推迟微裂缝的形成和发展,从而使动弹性模量下降延缓,降低了钢纤维混凝土在冻融循环过程中破坏速度,从而增大了其抗冻能力。

从图 3-5 中可以看出,冻融循环 75 次后的相对动弹性模量比冻融循环 50 次后的相对动弹性模量下降得快。

随着冻融循环次数的增加,(钢纤维)混凝土损伤速率增大,损伤加快,密实度降低,混凝土受到的破坏越严重,抗冻融性和耐久性降低。原因在于冻融循环过程中,由于温度的降低和升高,在钢纤维混凝土内形成温度场。钢纤维混凝土的基本组成部分是水泥砂浆、粗骨料和钢纤维,由于水泥砂浆、粗骨料和钢纤维的热膨胀系数不同(粗骨料的热膨胀系数约是硬化后水泥砂浆热膨胀系数的 2 倍),钢纤维的热膨胀系数更大。硬化后的水泥砂浆中混有未水化的水泥颗粒和各种杂质,所以混凝土发生温度变化时,由于温度变形差形成温度应力场。同时混凝土是热惰性材料,温度梯度大,从而加重了温度应力场,这样就会在钢纤维混凝土内部界面上以及水泥砂浆内部形成细长缝隙。冻融次数较少时,界面上的微裂缝没有大的发展,损伤速率较小。随着冻融循环次数的增加,界面上原有裂缝逐渐延伸和加宽,其他界面又出现新的黏结裂缝,一些界面裂缝的发展,渐次地进入水泥砂浆,硬化后的水泥砂浆内的界面裂缝在温度应力场的作用下也有所发展,于是钢纤维混凝土冻融损伤的速率就随着冻融循环次数的增加而增大,损伤加速。

3.3.2.2　钢纤维混凝土强度等级对混凝土损伤速率的影响

图 3-6 表示水灰比分别为 0.52、0.44、0.37 的钢纤维混凝土($\rho_f =$ 1.0%)在冻融循环次数分别为 50 次、75 次时动弹性模量的变化规律。

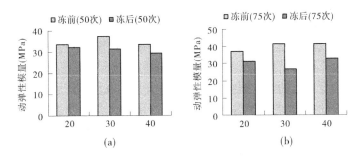

图 3-6　钢纤维混凝土强度等级对动弹性模量的影响

由图 3-6 可以看出,随着钢纤维混凝土强度等级的提高(水灰比的降低),动弹性模量增大。

水灰比是影响混凝土性能的最重要的因素,直接决定混凝土内部的孔结构体系。水灰比较大时,混凝土内部微裂缝和毛细孔较多,界面黏结强度低,混凝土缺陷多,密实性较差,导致动弹性模量低。

从本实验数据上看,有两个现象值得一提:首先,冻融循环以前,随着钢纤维体积率的增加,混凝土的动弹性模量普遍降低,但是经过冻融循环后,随着钢纤维体积率的增加,混凝土的动弹性模量呈现上升趋势;其次,冻融循环前,随着基体混凝土强度等级的提高,钢纤维混凝土

动弹性模量增大,但在冻融循环后,强度等级高的钢纤维混凝土的动弹
性模量下降得反而较快。

3.4　钢纤维混凝土冻融后基本力学性能实验研究及分析

混凝土基本力学性能作为混凝土力学性能最重要的指标,既是确定混凝土强度等级的重要依据,又是决定其他重要性能特征和指标的主要因素。本文分两批(冻融循环 50 次及冻融循环 75 次)一共对 36 个抗压试件、36 个劈拉试件和 36 个抗折试件进行了冻融实验研究。力图寻求混凝土及钢纤维混凝土冻融破坏机制,分析冻融循环次数和钢纤维体积率对混凝土基本力学性能的影响。

在研究混凝土及钢纤维混凝土冻融基本力学性能前,有必要探讨一下普通混凝土受力破坏机制及钢纤维混凝土中钢纤维的增强机制。

通过对混凝土受压过程细观现象的分析,其破坏过程可以分为三个阶段,即微裂缝相对稳定期、稳定裂缝发展期、不稳定裂缝发展期;混凝土的破坏机制可以概括为:先是水泥砂浆沿粗骨料的界面和砂浆内部形成微裂缝;应力增大后这些微裂缝逐渐地延伸和扩展,并连通为宏观裂缝;砂浆的损伤不断积累,切断了和骨料的联系,混凝土的整体性遭受破坏而逐渐丧失承载力。

提高混凝土强度,改变其破坏时所呈现的脆性,关键是要控制混凝土裂缝的出现和发展。在混凝土中掺加钢纤维,通过钢纤维与混凝土的黏结,起到了抑制裂缝进一步发展的作用,同时充分发挥各组成材料特性和相互间的性能传递,得到较好性能的复合材料。

3.4.1　实验方法与试件尺寸

到达实验龄期(28 d)的前 4 d,将试件在(20±3)℃的水中浸泡 4 d。将已浸水的试件擦去表面水后,用动弹仪测试其初始动弹性模量及用天平称其质量。同时对试件进行照相,并测试冻融前试件的抗压强度、劈裂强度、抗折强度。分别经过 50 次、75 次冻融循环后,从冻融箱中

取出试件盒,小心将试件从试件盒中取出,冲洗干净擦去表面水分后,称其冻融后相应的动弹性模量和质量,最后测试冻融试件的抗压强度、劈裂强度和抗折强度。实验所用的试件为 100 mm 边长的立方体试件及 100 mm×100 mm×400 mm 的混凝土试件。

3.4.2　冻融后混凝土抗压强度的实验结果和分析

混凝土抗压强度见表 3-5。

表 3-5　混凝土抗压强度

编号	序号	ρ_f(%)	冻前抗压强度(MPa)	平均(MPa)	冻后抗压强度(MPa)	平均(MPa)	相对抗压强度
D502010	1	1.0	20.48	22.76	5.50	9.162	0.40
	2		25.78		9.162		
	3		22.02		9.239		
D503000	1	0	31.68	34.14	14.2	19.97	0.59
	2		34.81		19.97		
	3		35.94		21.14		
D503010	1	1.0	35.16	27.82	22.97	22.69	0.82
	2		20.63		22.86		
	3		27.82		22.23		
D503020	1	2.0	32.22	31.57	20.63	23.68	0.75
	2		31.51		26.35		
	3		30.97		24.05		
D504010	1	1.0	31.88	35.0	28.03	28.98	0.83
	2		37.0		28.98		
	3		36.11		37.13		

续表 3-5

编号	序号	ρ_f(%)	冻前抗压强度(MPa)	平均(MPa)	冻后抗压强度(MPa)	平均(MPa)	相对抗压强度
D752010	1	1.0	31.42	29.04	14.40	15.97	0.55
	2		29.14		15.70		
	3		26.55		17.82		
D753000	1	0	32.24	40.63	21.86	21.86	0.54
	2		40.63		16.59		
	3		41.44		22.91		
D753010	1	1.0	40.44	37.56	29.43	18.23	0.49
	2		37.56		25.83		
	3				25.26		
D753020	1	2.0	33.65	34.70	17.96	15.97	0.46
	2		35.03		17.50		
	3		35.43		19.22		
D754010	1	1.0	41.64	41.64	34.07	31.59	0.76
	2		35.26		31.35		
	3		45.77		29.36		

注：当一组试件中强度的最大值或最小值与中间值之差超过中间值的 15%，取中间值作为该组试件的强度代表值，后同。

3.4.2.1　钢纤维体积率和冻融循环次数对混凝土冻融后抗压强度的影响

图 3-7 表示素混凝土和钢纤维体积率分别为 1.0%、2.0% 及水灰比为 0.44 的混凝土在冻融循环次数分别为 50 次、75 次时混凝土相对抗压强度（冻融后混凝土的抗压强度与冻融前混凝土抗压强度的比值）的变化规律。图 3-8、图 3-9 表示素混凝土和钢纤维体积率分别为 1.0%、2.0% 及水灰比为 0.44 的混凝土在冻融循环次数分别为 50 次、

75 次时混凝土抗压强度的变化规律。

图 3-7、图 3-8 和图 3-9 表明，当冻融循环次数为 50 次时，钢纤维混凝土比素混凝土的相对抗压强度有所提高；而冻融循环次数达到 75 次时，钢纤维混凝土比素混凝土的相对抗压强度低；钢纤维体积率变化的影响较小。这是由于冻融循环次数较少时，钢纤维与砂浆的黏结力下降得较少，使钢纤维能发挥限裂作用，从而

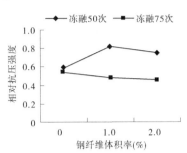

图 3-7　钢纤维体积率对混凝土相对
抗压强度的影响

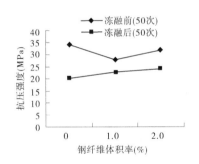

图 3-8　钢纤维体积率对混凝土抗压
强度的影响（一）

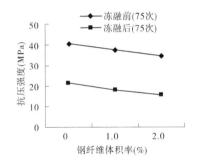

图 3-9　钢纤维体积率对混凝土
抗压强度的影响（二）

使冻融条件下混凝土中的裂缝发展很慢。随着冻融循环次数的增加，砂浆已趋于损坏，混凝土由密实变得疏松，同时伴随着裂缝的出现和发展，严重削弱了砂浆和钢纤维的黏结性能，使钢纤维混凝土损伤加快，冻融循环次数增大，抗冻性能降低。

在混凝土的凝结过程中，水泥的水化作用在表面形成凝胶体，水泥砂浆逐渐变稠、硬化，并和粗骨料及钢纤维黏结成整体。在此过程中，水泥砂浆失水收缩变形较大，以至在骨料和钢纤维界面产生微裂缝。在冻融循环的作用下，混凝土内形成温度应力场。由于硬化后的水泥砂浆、粗骨料、钢纤维的弹性模量不同，在温度应力的作用下变形不协

调,这些界面上的微裂缝逐渐延伸和发展,并连通为宏观裂缝。随着冻融循环次数的增加,砂浆的损伤不断积累,削弱了和骨料及钢纤维的联系,钢纤维的存在可以阻止裂缝的扩展,但由于钢纤维体积率提高的同时增加了钢纤维和水泥砂浆的界面,这些界面是钢纤维混凝土的薄弱环节,经过反复冻融,削弱了界面黏结力,钢纤维很容易被拔出,使钢纤维的作用不能有效发挥,所以随着冻融循环次数的增加,钢纤维混凝土的抗压强度逐渐降低。

3.4.2.2　钢纤维混凝土强度等级对冻融后抗压强度的影响

图 3-10 表示随着钢纤维体积率的变化,钢纤维混凝土相对抗压强度(冻融循环后钢纤维混凝土的抗压强度与冻融前强度的比值)的变化规律。图 3-11、图 3-12 表示水灰比分别为 0.52、0.44、0.37 的钢纤维混凝土($\rho_{f} = 1.0\%$)在冻融循环 50 次、75 次后,钢纤维混凝土抗压强度的变化规律。

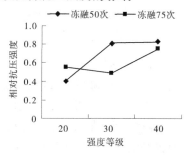

图 3-10　钢纤维混凝土强度等级
对相对抗压强度的影响

从图 3-10 中可以看出,随着冻融循环次数的增大,钢纤维混凝土的相对抗压强度降低;而且随着钢纤维体积率的提高,相对抗压强度逐渐增大,即抗冻融能力逐渐增大。

图 3-11 和图 3-12 中表现了钢纤维混凝土抗压强度在冻融循环次数、强度等级的影响下呈现相似的规律性:随着钢纤维混凝土强度等级的提高,钢纤维混凝土的抗压强度逐渐增大。

由于物理和化学的原因,水泥砂浆与粗骨料及钢纤维的界面存在黏结力,并且在这些界面上存在初始微裂缝。在冻融循环的作用下,钢纤维混凝土内形成温度应力场,钢纤维、粗骨料及水泥砂浆的热膨胀系数不同,在温度应力的作用下三者的变形不协调,在钢纤维混凝土的薄弱环节(三者间的界面上)上首先出现新的裂缝,随着冻融循环次数的增加,也即在温度应力的反复作用下,不断延伸和发展,并且相互贯通,钢纤维混凝土的整体性遭到破坏,抗压强度迅速下降。

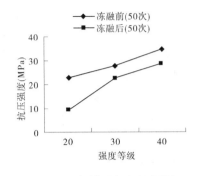

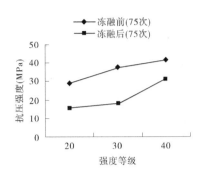

图 3-11　钢纤维混凝土强度等级
对抗压强度的影响(一)

图 3-12　钢纤维混凝土强度等级
对抗压强度的影响(二)

水灰比直接影响混凝土的孔隙率和孔结构。从图 3-11、图 3-12 看出,随着水灰比的降低,钢纤维混凝土抗压强度普遍呈现上升趋势。水灰比越小,包围水泥颗粒的水层就越小,使水泥石的孔隙率减小,毛细孔的半径也减小,在冻融循环过程中产生的冰胀压力和渗透压力就越小,使钢纤维混凝土抗压强度提高,抗冻融性及耐久性好。

3.4.3　冻融后混凝土劈拉强度的实验结果和分析

混凝土劈拉强度见表 3-6。

表 3-6　混凝土劈拉强度

编号	序号	$\rho_f(\%)$	冻前劈拉强度(MPa)	平均(MPa)	冻后劈拉强度(MPa)	平均(MPa)	相对劈拉强度
D502010	1	1.0	3.26	2.73	0.59	0.65	0.24
	2		2.62		0.65		
	3		2.73		0.90		
D503000	1	0	2.73	3.31	0.41	0.44	0.13
	2		3.31		0.45		
	3		3.45		0.46		

续表 3-6

编号	序号	ρ_f(%)	冻前劈拉强度（MPa）	平均（MPa）	冻后劈拉强度（MPa）	平均（MPa）	相对劈拉强度
D503010	1		3.14		0.57		
	2	1.0	3.01	2.97	1.84	1.84	0.62
	3		2.76		1.91		
D503020	1		2.90		2.76		
	2	2.0	3.42	3.42	2.40	2.55	0.75
	3		3.52		2.50		
D504010	1		3.34		1.94		
	2	1.0	3.68	3.54	2.28	1.94	0.55
	3		3.61		1.38		
D752010	1		2.96		0.29		
	2	1.0	2.83	2.95	0.45	0.45	0.15
	3		3.06		0.62		
D753000	1		3.11		0.66		
	2	0	3.62	3.11	0.82	0.8	0.26
	3		2.89		0.8		
D753010	1		3.57		2.06		
	2	1.0	4.55	4.3	1.92	1.97	0.46
	3		4.3		1.93		

续表 3-6

编号	序号	ρ_f(%)	冻前劈拉强度(MPa)	平均(MPa)	冻后劈拉强度(MPa)	平均(MPa)	相对劈拉强度
D753020	1	2.0	4.62	4.3	1.8	1.52	0.35
	2		4.11		1.41		
	3		4.17		1.52		
D754010	1	1.0	4.4	4.48	2.72	2.41	0.54
	2		4.59		1.96		
	3		4.46		2.41		

注:当一组试件中强度的最大值或最小值与中间值之差超过中间值的 15%,取中间值作为该组试件的强度代表值,后同。

3.4.3.1 钢纤维体积率和冻融循环次数对混凝土冻融后劈拉强度的影响

图 3-13 表示素混凝土和钢纤维体积率分别为 1.0%、2.0% 及水灰比为 0.44 的钢纤维混凝土在冻融循环次数分别为 50 次、75 次时混凝土劈拉强度的变化规律。图 3-14 表示素混凝土和钢纤维体积率分别为 1.0%、2.0% 及水灰比为 0.44 的钢纤维混凝土冻融循环次数分别为 50 次、75 次时混凝土相对劈拉强度(冻融循环后的劈拉强度与冻融循环前的比值)的变化规律。

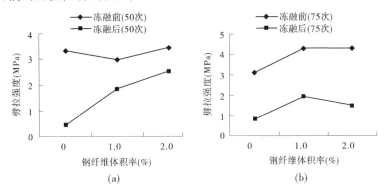

图 3-13　钢纤维体积率与混凝土劈拉强度的关系

从图 3-14 可以看出,当冻融循环次数为 50 次、75 次时,钢纤维混凝土比素混凝土的相对劈拉强度有所提高。这是由于钢纤维的弹性模量比硬化后的水泥砂浆高出一个数量级,在等拉应变的情况下,钢纤维对混凝土有约束作用,从而能有效地延缓、阻止裂缝的出现和发展。产生裂缝后,开裂截面的全部荷载施加到横跨

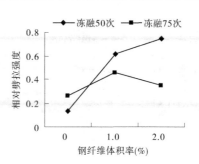

图 3-14　钢纤维体积率与相对劈拉强度的影响

裂缝的纤维上,通过钢纤维与水泥砂浆的黏结,钢纤维又将荷载传到未开裂的水泥砂浆上。正是钢纤维与混凝土的这种复合效应,使混凝土的劈拉强度得到提高。

随着冻融循环次数的增加,混凝土的劈拉强度降低。究其原因是物理和化学的原因,水泥砂浆与粗骨料及钢纤维的界面存在黏结力,并且在这些界面上存在初始微裂缝。在冻融循环的作用下,钢纤维混凝土内形成温度应力场,钢纤维、粗骨料及水泥砂浆的热膨胀系数不同,在温度应力的作用下三者的变形不协调,在钢纤维混凝土的薄弱环节(三者间的界面上)上首先出现新的裂缝,随着冻融循环次数的增加,也即在温度应力的反复作用下,不断延伸和发展,并且相互贯通,钢纤维混凝土的整体性遭到破坏,劈拉强度逐渐下降。

当钢纤维体积率较高(2.0%)时,冻融后部分试件的劈拉强度呈下降趋势。造成这种结果是因为钢纤维掺量的增加,使混凝土的界面增多,这些界面也是混凝土的薄弱环节。冻融循环使混凝土内部形成了温度应力场,在温度应力的作用下,首先在这些薄弱环节损坏,所以在冻融循环过程中,过多的钢纤维掺量降低了混凝土的劈拉强度。

3.4.3.2　钢纤维混凝土强度等级对冻融后劈拉强度的影响

图 3-15(a)、(b)分别表示水灰比为 0.55、0.44、0.37 的钢纤维混凝土($\rho_f = 1.0\%$)冻融循环分别 50 次、75 次时混凝土强度等级与钢纤维混凝土劈拉强度的关系。

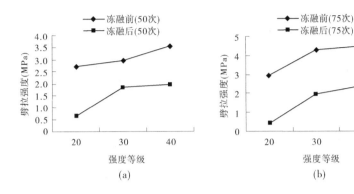

图 3-15　混凝土强度等级与劈拉强度的关系

图 3-16 表示水灰比分别是 0.55、0.44、0.37 的钢纤维混凝土（$\rho_f = 1.0\%$）在冻融循环分别是 50 次和 75 次时,混凝土强度等级与钢纤维混凝土相对劈拉强度(冻融后钢纤维混凝土劈拉强度与冻融前劈拉强度的比值)的关系。

从图 3-16 中可以看出,随着冻融循环次数的增加,钢纤维混凝土劈拉强度有所降低。而且,随着钢纤维混凝土强度等级的提高,钢纤维混凝土的劈拉强度逐渐增大。这是由于水灰比直接影响混凝土的孔隙率和孔结构,水灰比减小,混凝土的孔隙率降低,开孔总体积减少,而且平均孔径也减小,混凝土密实度就高。钢纤维、粗骨料及

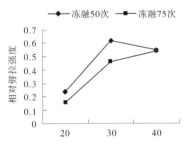

图 3-16　混凝土强度等级与混凝土相对劈拉强度的关系

水泥砂浆间的接触面得到强化。混凝土开裂后,钢纤维能较好地发挥作用,将跨过裂缝的荷载传递给裂缝的上下表面,使裂缝处的材料能继续承担荷载,缓和了裂缝尖端的应力集中程度,阻止了裂缝的引发和发展,从而提高了钢纤维混凝土的劈拉强度。

3.4.4　冻融后混凝土抗折强度的实验结果和分析

混凝土冻融前后试件的平均抗折强度及相对抗折强度见表 3-7。

表 3-7　混凝土试件抗折强度

编号	序号	ρ_f (%)	冻前抗折强度（MPa）	平均（MPa）	冻后抗折强度（MPa）	平均（MPa）	相对抗折强度
D502010	1	1.0	5.22	4.72	0.3	0.18	0.04
	2		4.62		0.18		
	3		4.32		0.15		
D503000	1	0	5.01	4.64	0.24	0.24	0.05
	2		4.65		0.24		
	3		4.26		0.12		
D503010	1	1.0	6.12	4.92	0.42	0.78	0.16
	2		4.56		0.78		
	3		4.92		0.78		
D503020	1	2.0	6.3	6.21	1.44	2.19	0.35
	2		6.12		2.4		
	3				2.19		
D504010	1	1.0	5.22	5.34	2.19	1.8	0.34
	2		5.49		1.68		
	3		5.31		1.8		
D752010	1	1.0	5.76	5.71	0.36	0.36	0.06
	2		5.67		0		
	3		5.7		0		

续表 3-7

编号	序号	$\rho_f(\%)$	冻前抗折强度(MPa)	平均(MPa)	冻后抗折强度(MPa)	平均(MPa)	相对抗折强度
D753000	1	0	6.51	6.51	0.75	0.63	0.10
	2		6.12		0.63		
	3		7.65		0.39		
D753010	1	1.0	7.53	7.13	1.95	1.74	0.24
	2		7.14		1.47		
	3		6.72		1.74		
D753020	1	2.0	7.29	6.8	0.42	0.42	0.06
	2		6.51		0.39		
	3		6.6		1.17		
D754010	1	1.0	7.02	7.02	1.5	1.65	0.24
	2		7.47		1.65		
	3		5.46		2.88		

注:当一组试件中强度的最大值或最小值与中间值之差超过中间值的15%,取中间值作为该组试件的强度代表值,后同。

3.4.4.1 钢纤维体积率对混凝土抗折强度的影响

图 3-17 表示水灰比 0.44 的素混凝土和钢纤维体积率为 1.0%、2.0%的钢纤维混凝土冻融循环分别在 50 次、75 次时钢纤维体积率与混凝土相对抗折强度(冻融循环后抗折强度与冻融循环前的比值)的关系;图 3-18 和图 3-19 分别表示水灰比 0.44 的素混凝土和钢纤维体积率为 1.0%、2.0%的钢纤维混凝土冻融循环次数分别为 50 次、75 次时抗折强度与钢纤维体积率的关系。

图 3-17 表明,随着钢纤维体积率的提高,混凝土抗折强度增大。这是由于一方面钢纤维能阻止混凝土中裂缝的发生和发展,因而克服了混凝土基体中的微观裂缝和缺陷产生的应力集中而引起的过早开裂;另一方面,混凝土内部各组分热膨胀系数不同,混凝土在冻融循环过程中,其内部处于复杂的应力状态,在混凝土中乱向分布的钢纤维,

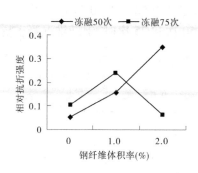

图 3-17 钢纤维体积率对混凝土
相对抗折强度的影响

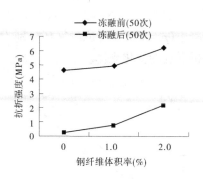

图 3-18 钢纤维体积率对混凝土
抗折强度的影响(一)

改善了混凝土内部的受力性能,使混凝土相对抗折强度增大,增大了冻融循环次数,提高了混凝土的抗冻性。

当钢纤维体积率提高到2.0%,冻融循环75次后,钢纤维混凝土抗折强度比相应素混凝土的抗折强度低。这是由于钢纤维体积率过高,增加了钢纤维混凝土的界面,随着冻融循环次数的增加,混

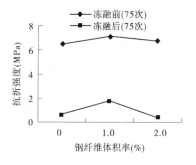

图 3-19 钢纤维体积率对混凝土
抗折强度的影响(二)

凝土内部各组分变形差异增大,使混凝土界面损伤严重,且混凝土强度等级较低,冻融循环达75次时,水泥砂浆的黏结力已基本丧失,与钢纤维的黏结力也遭到严重削弱,从而造成高体积率的钢纤维降低了钢纤维混凝土的抗冻融性能。

3.4.4.2 混凝土强度等级对冻融后钢纤维混凝土抗折强度的影响

图 3-20 表示水灰比分别是 0.55、0.44、0.37 的钢纤维混凝土($\rho_f = 1.0\%$)在冻融循环次数分别为 50 次、75 次时,混凝土强度等级与钢纤维混凝土相对抗折强度(冻融后抗折强度与冻融前抗折强度的比值)的关系。

　　图 3-21 和图 3-22 表示水灰比分别为 0.52、0.44、0.37 的钢纤维混凝土(ρ_f = 1.0%)在冻融循环分别为 50 次和 75 次时,钢纤维混凝土抗折强度的变化规律。

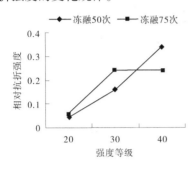

图 3-20　混凝土强度等级对混凝土抗折强度的影响

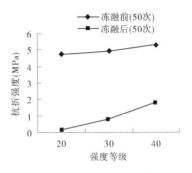

图 3-21　混凝土强度等级对混凝土抗折强度的影响(一)

　　图 3-20 表明,随着冻融循环次数的增大,钢纤维混凝土的抗折强度降低;而且随着钢纤维混凝土强度等级的提高,相对抗折强度逐渐增大,即抗冻融能力逐渐增大。这是由于水灰比在一定程度上决定了混凝土内部结构,随着混凝土水灰比减小,也即混凝土的强度等级提高,混凝土孔隙率降低,改善了混凝土的界面性能,提高了混凝土的密实度,从而提高了混凝土的抗冻性能。

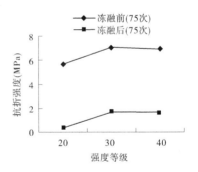

图 3-22　混凝土强度等级与抗折强度的关系(二)

3.4.5　冻融后钢纤维混凝土基本力学性能降低幅度比较

　　冻融循环 50 次时,C20 钢纤维混凝土(ρ_f = 1.0%)抗压强度降低幅度约为 60%,C30 素混凝土降低幅度约为 40%,C30 钢纤维混凝土(ρ_f = 1.0%)降低幅度约为 20%,C30 钢纤维混凝土(ρ_f = 2.0%)降低幅度约为 25%,C40 钢纤维混凝土(ρ_f = 1.0%)降低幅度约为 15%;C20 钢纤维混凝土(ρ_f=1.0%)劈拉强度降低幅度约为 75%,C30 素混凝土降低幅度约为 87%,C30 钢纤维混凝土(ρ_f = 1.0%)降低幅度约为 38%,C30 钢纤维混凝土(ρ_f = 2.0%)降低幅度约为 25%,C40 钢纤维混凝土(ρ_f = 1.0%)降低幅度约为 45%;C20 钢纤维混凝土(ρ_f = 1.0%)抗折强度降低幅度约为 96%,C30 素混凝土降低幅度约为 95%,C30 钢纤维混凝土(ρ_f = 1.0%)降低幅度约为 84%,C30 钢纤维混凝土(ρ_f = 2.0%)降低幅度约为 65%,C40 钢纤维混凝土(ρ_f = 1.0%)降低幅度约为 66%。

冻融循环 75 次时,C20 钢纤维混凝土(ρ_f = 1.0%)抗压强度降低幅度约为 45%,C30 素混凝土降低幅度约为 46%,C30 钢纤维混凝土(ρ_f = 1.0%)降低幅度约为 51%,C30 钢纤维混凝土(ρ_f = 2.0%)降低幅度约为 54%,C40 钢纤维混凝土(ρ_f = 1.0%)降低幅度约为 24%;C20 钢纤维混凝土(ρ_f = 1.0%)劈拉强度降低幅度约为 85%,C30 素混凝土降低幅度约为 74%,C30 钢纤维混凝土(ρ_f = 1.0%)降低幅度约为 54%,C30 钢纤维混凝土(ρ_f = 2.0%)降低幅度约为 65%,C40 钢纤维混凝土(ρ_f = 1.0%)降低幅度约为 46%;C20 钢纤维混凝土(ρ_f = 1.0%)抗折强度降低幅度约为 94%,C30 素混凝土降低幅度约为 90%,C30 钢纤维混凝土(ρ_f = 1.0%)降低幅度约为 76%,C30 钢纤维混凝土(ρ_f = 2.0%)降低幅度约为 94%,C40 钢纤维混凝土(ρ_f = 1.0%)降低幅度约为 76%。

从上面的数据可以看出,随着钢纤维混凝土(ρ_f = 1.0%)强度等级的提高,钢纤维混凝土在冻融循环作用下,基本力学性能降低的幅度呈下降趋势。

在冻融循环次数较少的情况下,随着钢纤维体积率的提高,钢纤维混凝土的基本力学性能均得到了改善,对钢纤维混凝土劈拉强度和抗折强度比较有利,对钢纤维混凝土抗折强度贡献最大。当冻融循环次数进一步增大,钢纤维掺量较大的钢纤维混凝土(ρ_f = 2.0%)与较低掺量的相比,其强度特性下降得更快,甚至低于素混凝土的强度。其中,反映最敏感的是混凝土的劈拉强度和抗折强度,即随着冻融次数的增加,钢纤维混凝土的劈拉强度和抗折强度迅速下降,而抗压强度下降趋势较缓。

冻融循环过程中,混凝土外部的温差大,在较大的温度应力作用下,钢纤维混凝土外部破坏严重,外部已经出现可见裂缝,在弯曲荷载作用下,裂缝扩展得很快,因此混凝土的抗折强度受冻融作用影响最大。

钢纤维混凝土的冻融破坏实质上是一个由外到里逐渐损伤的物理过程,各组分在温度应力作用下变形的不协调破坏了界面的黏结力,致使钢纤维混凝土变得疏松而遭受到破坏。因而,提高钢纤维混凝土界面黏结力是提高其抗冻性能的主要技术措施。

3.5　结　论

本章通过对混凝土试件进行冻融循环实验研究,得出以下结论:

(1)当混凝土基体强度等级较高时,掺入适量的钢纤维,可以提高混凝土的抗剥落能力;混凝土基体的强度等级越高,混凝土抵抗剥落的能力越强,减少了混凝土的质量损失。

(2)随着钢纤维体积率的增加,混凝土的损伤得到了抑制,也即混凝土冻融损伤速度降低,冻融循环次数增大,提高了混凝土的抗冻融性能;混凝土基体强度等级越高,混凝土冻融损伤速度越低;冻融循环次数越多,动弹性模量下降越快,也即混凝土冻融损伤得越快。

(3)适当的钢纤维体积率改善了钢纤维混凝土的性能,增大了钢纤维混凝土的抗压强度、劈拉强度和抗折强度,使钢纤维混凝土的冻融循环次数增加,提高钢纤维混凝土的抗冻融能力。

(4)随着混凝土基体强度等级的提高,使钢纤维混凝土抗压强度、劈拉强度和抗折强度增大,提高了钢纤维混凝土的抗冻融性能。

(5)当钢纤维体积率增大到2.0%,钢纤维混凝土冻融次数达到75次后,其抗压强度、劈拉强度和抗折强度和素混凝土的相应强度相差不大,甚至比素混凝土相应的强度低,降低了钢纤维混凝土的抗冻性能。

(6)冻融循环到一定次数后,有些试件没有质量损失,但强度特性均下降,在这种情况下,用质量损失率作为(钢纤维)混凝土试件破坏的评估指标就不合适。

参考文献

[1] 高丹盈,刘建秀.钢纤维混凝土基本理论[M].北京:科学技术文献出版社,1994:253-258.

[2] 高丹盈,赵军,朱海堂.钢纤维混凝土设计与应用[M].北京:中国建筑工业出版社,2002:38-45.

[3] 李金玉,曹建国,徐文雨,等.混凝土冻融破坏机制的研究[C]//第四届全国混凝土耐久性学术交流会论文集.北京:混凝土与水泥制品编辑部,1997.58.69:122-124.

[4] 沙际得.引气混凝土的抗冻机制混凝土[J].长沙交通学院学报,1991(2):22-25.

[5] 邓正刚,李金玉.安全性抗冻混凝土技术条件的研究[R].北京:中国水利水电科学研究院结构材料所,1999:11-13.

[6] 黄士元,蒋家奋,杨南如,等.近代混凝土技术[M].西安:陕西科学技术出版社,1998:55-56.

[7] 杨全兵,吴学礼,黄士元.去冰盐对混凝土侵蚀的机理[J].上海建材学院学报,1991,4(4):78-79.

[8] 蓓容,杨全兵,黄士元.除冰盐对混凝土化学侵蚀机理研究[J].低温建筑技术,2000:66-67.

[9] 杨全兵,吴学礼,黄士元.掺合料对混凝土的抗盐冻剥蚀性能的影响[J].上海建材学院学报,1993(2).

[10] 许彬彬.钢纤维混凝土抗冻性的试验研究[J].混凝土与水泥制品,1991(6).

[11] 刘卫东,宫爱华,倪新美,等.钢纤维硅粉混凝土的特性试验研究[J].水利学报,1997.

[12] 田倩,孙伟.高性能水泥基复合材料抗冻性能的研究[J].混凝土与水泥制品,1997,2:33-34.

[13] 陈惠苏,孙伟,慕儒.掺不同品种混合材的高强砼与钢纤维高强砼在冻融、冻融-氯盐同时作用时的耐久性能[J].混凝土与水泥制品,2000(2).

[14] 冯乃谦.高性能混凝土[M].北京:中国建筑工业出版社,1996:88-89.

[15] 水蕴华.科学技术研究方法[M].西安:西北工业大学出版社,1998.

[16] 吴中伟.水泥混凝土面临的挑战与机会[J].混凝土与水泥制品,1996(1):

112-114.

[17] 柳炳康,吴胜兴,周安.混凝土结构鉴定与加固[M].北京:中国建筑工业出版社,2000:55-57.

[18] 交通公路科学研究所.公路工程质量检验评定标准[M].北京:人民交通出版社,1998.

[19] A M Neville.混凝土的性能[M].李国浮,马贞勇,译.北京:中国建筑出版社,1983.

[20] 买淑芳.混凝土聚合物复合材料及其应用[M].北京:科学技术文献出版社,1996.

[21] 谢勇成.水泥混凝土路面超薄层快速修补技术[J].公路,2000(7).

[22] 陈改新,黄国兴.水泥混凝土冻融破坏的修补技术[J].水利水电技术,1997(3):69-70.

[23] 何元,廖宪廷,王依民.聚丙烯纤维在水泥混凝土中的应用[J].合成技术与应用,1995(4).

[24] 哈尔滨建筑工程学院,大连理工大学.钢纤维混凝土试验方法 CECS 13:89[S].1992.

[25] 程国庆,张琳,高路彬,等.钢纤维混凝土本构关系及疲劳损伤研究[R].北京:铁道部研究院,1991.

[26] 刘兰强,曹城.聚丙烯纤维在混凝土中的阻裂效应研究[J].公路,2000(6).

[27] 周振雷,孙家瑛,陈志源.网状聚丙烯纤维对高性能混凝土耐久性能影响[J].山东建材学院学报,2000(3):33-35.

[28] 肖桂彰,郑传超.道路复合材料[M].北京:人民交通出版社,1998.

[29] 杨光松.损伤力学与复合材料损伤[M].北京:国防工业出版社,1995:20-21.

[30] 谢依金,AE,等.水泥混凝土的结构与性能[M].胡春芝,等,译.北京:中国建筑工业出版社,1984:44-46

[31] Richard Cantin, Michel Pigeon.Cement and Concrete Research, Vol.26, No.11, PP.1639-1648,1996:77-78.

[32] M Pigeon,M Azzabi,R Pleau.Cement and Concrete Research[J].Vol.26, No.8, PP.1163-1170,1996:21-23.

[33] Pigeon M. Pleau (1995) Durability of Concrete in Cold Climates [J]. Chapman&Hall,London,English:122-124.

[34] W Sun, Y M Zhang, H D Yan, et al.Damage and damage resistance of high

strength concrete under the action of load and freezing-thawing cycle[J].Cem. Concr.Res.29(9)(1999)1519-1523.

[35] 赵述智,王忠德.实用建筑材料试验手册[M].北京:中国建筑工业出版社, 1997.

[36] 过镇海.钢筋混凝土原理[M].北京:清华大学出版社,1998:133-135.

第4章　钢纤维混凝土碳化
性能实验研究

本章通过对366个100 mm×100 mm×100 mm、183个100 mm×100 mm×400 mm的混凝土试件进行快速碳化实验,研究了不同钢纤维体积率、混凝土强度等级、碳化龄期等因素对碳化混凝土抗压强度、劈拉强度和抗折强度的影响规律。

4.1　实验概况

混凝土碳化后,混凝土物相结构(如孔隙率等)和化学组分等发生了变化,导致混凝土材料性能发生改变,即碳化混凝土的本构关系与碳化前有所不同。目前,对混凝土碳化后本构关系的研究刚刚起步,而且现行混凝土结构设计规范和鉴定标准都没有考虑混凝土碳化后力学性能改变,按未碳化混凝土性能设计的结构,原来是安全的,经多年碳化后,可能变成是不安全的;改造旧房时,套用现行混凝土设计规范,按未碳化混凝土性能进行鉴定,可能会过高估计结构承载力和抗震性能,造成计算结果失真。碳化混凝土结构力学性能的研究是一个全新的课题,目前国内外尚缺乏该方面系统的研究,但混凝土碳化对结构力学性能的影响却是不容忽略的。

为了改善混凝土抗拉性能差、延性差等缺点,在混凝土中掺加纤维以改善混凝土性能的研究发展得相当迅速,其中发展较快、应用较广的是钢纤维混凝土。通过大量的检索,发现对钢纤维混凝土耐久性方面的研究较少,碳化后钢纤维混凝土力学性能方面在国内尚属空白。本章采用实验室快速实验方法,对碳化后和未碳化钢纤维混凝土试件的基本力学性能进行了测试和研究。

4.1.1　原材料

水泥采用中原水泥厂生产的中原牌普通硅酸盐水泥 42.5R;中砂级配良好;碎石 5~25 mm 连续级配;研究采用的钢纤维,性能见表 3-1。

4.1.2　实验方案

本实验共制作了 C20、C30、C40 三种基体强度等级不同的混凝土,C20 钢纤维混凝土的钢纤维体积率为 1.0%;C30 钢纤维混凝土的钢纤维体积率分别为 1.0%、2.0%;C40 钢纤维混凝土的钢纤维体积率为 1.0%。具体指标如表 4-1 所示。

表 4-1　混凝土的配合比　　　(单位:kg/m³)

强度等级	钢纤维体积率	水泥	砂	碎石	水	钢纤维	水灰比
C20	0	365	638	1 187	190	0	0.52
	1.0%	403	817	1 000	210	78.67	0.52
C30	0	432	615	1 143	190	0	0.44
	1.0%	477	787	958	210	78.67	0.44
	2.0%	509	858	585	224	157.34	0.44
C40	0	514	586	1 090	190	0	0.37
	1.0%	567	743	907	210	78.67	0.37

碳化实验一共制作了 122 组 366 个 100 mm×100 mm×100 mm 的混凝土试件,61 组 183 个 100 mm×100 mm ×400 mm 的(钢纤维)混凝土试件。其中,18 组 54 个 100 mm×100 mm×100 mm 的(钢纤维)混凝土试件用于检测混凝土的碳化深度,61 组 183 个 100 mm×100 mm×100 mm 的(钢纤维)混凝土试件用于测试混凝土的抗压强度,61 组 183 个 100 mm×100 mm×100 mm 的混凝土试件用于测试混凝土的劈拉强度,61 组 183 个 100 mm×100 mm×400 mm 的(钢纤维)混凝土试件用于测试混凝土的抗折强度。

钢纤维混凝土试件的制作按照《钢纤维混凝土试验方法》(CECS

13:89)进行。搅拌钢纤维混凝土时,采用强制式搅拌机拌和。为了保证钢纤维拌和均匀,先拌和除钢纤维外的其他材料,再将钢纤维均匀撒入,全部投入后再搅拌 2 min 左右。搅拌过程中,人工用钢棒辅助搅拌,以避免出现钢纤维结团现象。当钢纤维混凝土的量比较少时,采用人工拌和:将水泥和细骨料(砂)拌和均匀,粗骨料(碎石)和钢纤维拌和均匀;再将拌和均匀的钢纤维与粗骨料混合料与水泥和细骨料的混合料拌和,最后加水拌和至均匀。浇筑试件时,在振动台上振动至试件表面不再有气泡冒出。搅拌过程的投料流程如图 4-1、图 4-2 所示。

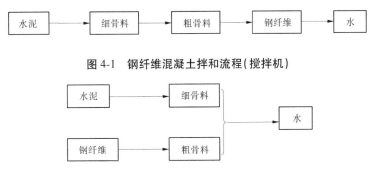

图 4-1　钢纤维混凝土拌和流程(搅拌机)

图 4-2　钢纤维混凝土拌和流程(人工)

碳化实验按照《普通混凝土长期性能和耐久性能试验方法》(GB/T 50082—2009)中碳化性能实验的室内快速碳化实验方法进行。试件浇筑 1 d 后拆模,放于实验室自然养护 28 d 后,停止养护,在自然条件下干燥。测试混凝土碳化深度的试件留两个相对的侧面,其余表面用石蜡密封。在留出相对的两个侧面顺长度方向以 10 mm 间距画出平行线,以作为碳化深度的测量点。然后,把需要碳化的混凝土试件放于碳化箱内进行快速实验。碳化箱环境参数设置:温度为(25 ± 2)℃,相对湿度为(70 ± 5)%;二氧化碳的浓度为 20%。

把达到相应碳化龄期的混凝土从碳化箱中取出,用实验机劈开,把配制好的酚酞溶液喷洒到劈开后的混凝土上,未碳化的混凝土遇酚酞溶液变为红色,碳化的混凝土遇酚酞溶液不变色,用尺子量出各点的碳化深度,取平均值。

C20 强度等级的混凝土:素混凝土碳化龄期为 14 d;钢纤维体积率为 1.0%的钢纤维混凝土碳化龄期分别为 14 d、28 d。

C30 强度等级的混凝土:素混凝土和钢纤维体积率分别是 1.0%、2.0%的钢纤维混凝土相应的碳化龄期为 3 d、7 d、14 d、28 d。

C40 强度等级的混凝土:素混凝土碳化龄期为 14 d;钢纤维体积率为 1.0%的钢纤维混凝土碳化龄期分别为 14 d、28 d。

4.2　钢纤维对混凝土力学性能的增强机制

混凝土浇筑后,往往由于粗骨料的下沉使其底部有水滞留而产生水囊,加上凝结时水泥石的收缩,使骨料和水泥石的结合面形成局部的微裂缝,水分蒸发形成毛细孔道等缺陷。就本质而言,混凝土破坏是由于混凝土存在这些裂缝、孔隙等多种缺陷,在外力作用下,其缺陷部位将产生较大的应力集中,从而使裂缝进一步扩展,导致整个混凝土结构或构件的破坏,而当混凝土中掺入适量钢纤维后,钢纤维基体是三维多向散布于混凝土中,改善了混凝土机体的微观结构。在水泥基结构形成和受力过程中,乱向分布的钢纤维在试件的内部产生锚固作用,阻止了粗骨料的沉淀和限制了微裂缝的产生,弥补了较大空隙所造成的结构缺陷。但对于较小孔隙,钢纤维的作用并不明显。同时,随混凝土中纤维体积含量的增加,混凝土中纤维间距将明显减小,从而使纤维混凝土复合材料的抗折强度与抗拉强度相差较大。

4.3　碳化后钢纤维混凝土抗压强度实验研究

4.3.1　实验目的

钢纤维混凝土的立方体抗压强度是确定钢纤维混凝土的强度等级、评定和比较钢纤维混凝土的强度和制作质量的主要指标,也是判定和计算其他力学指标的基础。对碳化后钢纤维混凝土抗压强度的实验研究及理论分析有着重要的理论和技术意义。为此,本节进行了碳化后钢纤维混凝土抗压强度的实验研究,探讨了碳化对钢纤维混凝土抗压强度的影响,为钢纤维混凝土的耐久性设计提供理论依据。

4.3.2 实验方法

4.3.2.1 测试内容

根据实验目的,本次实验主要测试各规定碳化龄期(3 d、7 d、14 d、28 d)试件的抗压破坏荷载。

4.3.2.2 加载制度

混凝土抗压强度实验在 600 kN 压力实验机上进行。本次实验的加载测试制度按照《钢纤维混凝土试验方法》(CECS 13:89)进行,以 0.05~0.08 MPa/s 的速度对试件进行连续、均匀加载。

4.3.3 钢纤维对混凝土抗压强度的影响

经过有关专家学者大量的实验研究证实,钢纤维对混凝土抗压强度的影响远不如抗拉强度、抗折强度那样明显。钢纤维的掺入能否提高抗压强度及提高幅度的大小主要取决于混凝土基体强度的高低,也就是说,主要与钢纤维水泥基界面黏结性状和界面黏结强度有关。因掺入钢纤维,一方面约束了钢纤维混凝土受压过程中的横向膨胀,推迟了破坏过程,对提高抗压强度是有益的。但若混凝土基体强度低,钢纤维掺入后,增多了界面薄弱层,且钢纤维的掺量越大,界面薄弱层越多。因此,受压后,首先在界面区引起破坏,导致钢纤维混凝土的抗压强度不能提高,甚至还有所下降;若混凝土基体强度提高了,因界面区的强化,抗压强度随着钢纤维掺量的增大而提高;混凝土基体强度再提高,界面区经强化到接近消失,并在界面层消失之后,原界面区再进一步强化,钢纤维混凝土的抗压强度则随着钢纤维体积率的增大,有更大幅度的提高。因此,钢纤维对混凝土抗压强度的影响,在其他条件不变时,关键在于混凝土基体强度等级及其相应的界面强化程度。

4.3.4 实验结果及其分析

碳化前后混凝土抗压强度测试见表 4-2。

表 4-2　碳化前后混凝土抗压强度测试

编号	序号	龄期 (d)	碳化前抗压荷载 (kN)	碳化前抗压强度 (MPa)	平均 (MPa)	碳化后抗压荷载 (kN)	碳化后抗压强度 (MPa)	平均 (MPa)	相对抗压强度
T200000	1	0	278	27.8	26.9				
	2		275	27.5					
	3		255	25.5					
T200014	1	14	296	29.6	29.7	357	35.7	34.8	1.17
	2		278	27.8		335	33.5		
	3		316	31.6		351	35.1		
T201000	1	0	264	26.4	26.4				
	2		262	26.2					
	3		267	26.7					
T201014	1	14	324	32.4	32.3	344	34.4	33.3	1.03
	2		324	32.4		355	35.5		
	3		320	32.0		299	29.9		
T201028	1	28	301.4	30.14	30.05	359.7	35.97	35.01	1.06
	2		278.3	27.83		357.4	35.74		
	3		321.8	32.18		333.2	33.32		
T300000	1	0	353	35.3	34.2				
	2		336	33.6					
	3		339	33.9					
T300003	1	3	354	35.4	35.2	362	36.2	36.8	1.05
	2		342	34.2		363	36.3		
	3		361	36.1		378	37.8		

续表 4-2

编号	序号	龄期（d）	碳化前抗压荷载（kN）	碳化前抗压强度（MPa）	平均（MPa）	碳化后抗压荷载（kN）	碳化后抗压强度（MPa）	平均（MPa）	相对抗压强度
T300007	1	7	371	37.1	39.1	416	41.6	40	1.02
	2		400	40.0		397	39.7		
	3		401	40.1		388	38.8		
T300014	1	14	372	37.2	37.1	414	41.4	36.6	0.99
	2		348	34.8		265	26.5		
	3		393	39.3		366	36.6		
T300028	1	28	401.6	40.16	38.44	397.9	39.79	40.92	1.06
	2		371.2	37.12		420.5	42.05		
	3		380.4	38.04		409.1	40.91		
T301000	1	0	358.6	35.86	36.39				
	2		357	35.7					
	3		376	37.6					
T301003	1	3	355.5	35.55	34.35	357.6	35.76	36.91	1.07
	2		363.8	36.38		374.7	37.47		
	3		311.3	31.13		374.9	37.49		
T301007	1	7	354.4	35.44	33.97	380	38	36.18	1.06
	2		335.2	33.52		368.8	36.88		
	3		329.5	32.95		336.7	33.67		
T301014	1	14	417.5	41.75	38.06	327.6	32.76	41.53	1.09
	2		384.6	38.46		415.3	41.53		
	3		339.8	33.98		453.7	45.37		

续表 4-2

编号	序号	龄期（d）	碳化前抗压荷载（kN）	碳化前抗压强度（MPa）	平均（MPa）	碳化后抗压荷载（kN）	碳化后抗压强度（MPa）	平均（MPa）	相对抗压强度
T301028	1	28	402.1	40.21	42.09	415.1	41.51	44.58	1.06
	2		445.1	44.51		463.6	46.36		
	3		415.6	41.56		458.7	45.87		
T302000	1	0	374.1	37.41	35.97				
	2		344	34.4					
	3		360.9	36.09					
T302003	1	3	371.9	37.19	36.92	325.9	32.59	34.77	0.94
	2		352.5	35.25		344.4	34.44		
	3		383.3	38.33		372.7	37.27		
T302007	1	7	377.8	37.78		326.4	32.64		
	2		360	36		420.8	42.08		
	3		329.1	32.91		412.1	41.21		
T302014	1	14	387.7	38.77	38.48	426.5	42.65	42.34	1.10
	2		386.9	38.69		423.2	42.32		
	3		379.9	37.99		420.6	42.06		
T302028	1	28	393.7	39.37	39.94	449.8	44.98	44.03	1.10
	2		405.4	40.54		496.5	49.65		
	3		399.2	39.92		374.5	37.45		
T400000	1	0	369.7	36.97	35.68				
	2		365.6	36.56					
	3		335.2	33.52					

续表 4-2

编号	序号	龄期 (d)	碳化前抗压荷载 (kN)	碳化前抗压强度 (MPa)	平均 (MPa)	碳化后抗压荷载 (kN)	碳化后抗压强度 (MPa)	平均 (MPa)	相对抗压强度
T400014	1	14	420.2	42.02	42.02	448.5	44.85	42.69	1.02
	2		441.8	44.18		446.2	44.62		
	3		326.4	32.64		386.1	38.61		
T401000	1	0	436.6	43.66	42.70				
	2		416.9	41.69					
	3		427.5	42.75					
T401014	1	14	438.9	43.89	43.17	468.8	46.88	47.51	1.10
	2		413.3	41.33		488.3	48.83		
	3		442.9	44.29		468.2	46.82		
T401028	1	28	431.6	43.16	44.35	500.9	50.09	48.93	1.10
	2		444.3	44.43		505.2	50.52		
	3		454.5	45.45		461.9	46.19		

注:编号意义:T××××××前两位数表示混凝土的强度等级,中间两位数表示混凝土中钢纤维的体积率,最后两位数表示混凝土碳化龄期,如 T201007 表示钢纤维体积率为 1.0%强度等级为 C20 的混凝土碳化龄期为 7 d。在折线图中显示的数字 20、30、40 并不代表混凝土的实际强度,只是表示混凝土的强度等级。以下相同。

4.3.4.1 碳化龄期对混凝土抗压强度的影响

图 4-3 表示 C30(水灰比为 0.44)混凝土基体,在碳化龄期分别是 3 d、7 d、14 d、28 d 时,对混凝土相对抗压强度的影响规律。图 4-4 和图 4-5 分别表示基体混凝土强度等级为 C20(水灰比为 0.52)、C40(水灰比为 0.37),当碳化龄期为 14 d、28 d 时,对钢纤维混凝土抗压强度的影响规律。

由图 4-3 可以看出,对于素混凝土,随着碳化龄期的增大,混凝土的相对抗压强度呈下降趋势,碳化龄期进一步增大,相对抗压强度有所增大,和未碳化混凝土相比,提高幅度较小,为 2% ~ 6%;钢纤维体积率为 1.0% 时的钢纤维混凝土,随着碳化龄期的增大,钢纤维混凝土相对抗压强度有所提高,和未碳化的钢纤维混凝土的抗压强度相比,提高幅度为 6% ~ 9%;钢纤维体积率为 2.0% 的钢纤维混凝土,碳化初期钢纤维混凝土抗压强

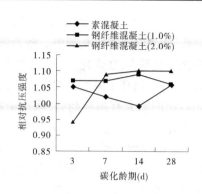

图 4-3　碳化龄期与混凝土相对
抗压强度的关系(C30)

度提高较小,随着碳化龄期的增大,混凝土的抗压强度有较大幅度的提高,碳化龄期进一步增加,混凝土的抗压强度基本不再增大,与未碳化的钢纤维混凝土的抗压强度相比,提高幅度约为 10%。

　　由图 4-4 和图 4-5 也可以看出,随着碳化龄期的增加,基体混凝土强度等级分别为 C20、C40 的钢纤维混凝土(ρ_f = 1.0%)相对抗压强度呈上升趋势,与未碳化的钢纤维混凝土相比,抗压强度提高的幅度为 3% ~ 10%。

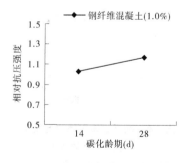

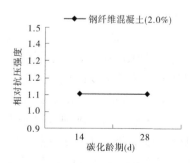

图 4-4　碳化龄期对混凝土相对
抗压强度的影响(C20)

图 4-5　碳化龄期对混凝土
相对抗压强度影响(C40)

　　由上可知,碳化后混凝土抗压强度有所提高。混凝土碳化后,混凝土基体内的化学成分和孔隙结构发生了变化,氢氧化钙与二氧化碳在

有水的状态下生成不溶于水的碳酸钙,碳酸钙填充于混凝土内部的毛细孔、微裂缝及凝胶孔等中。随着碳化龄期的增大,碳化反应越深入,碳化深度越大,在碳化层混凝土的孔隙率降低,在表面形成致密的方解石微晶体,提高了混凝土的密实度,从而导致混凝土的抗压强度随着碳化龄期的增大有提高趋势,从这个层面上讲碳化对混凝土是有益的。但研究表明,碳化使混凝土产生碳化收缩,这是由于在碳化过程中,CO_2与$Ca(OH)_2$反应放出大量的水分,混凝土碳化层产生的碳化收缩,对核心形成压力,表面碳化层产生拉应力,当这种拉应力超过了水泥胶体极限拉应力,就有可能在碳化层产生微细裂缝,使混凝土的抗压强度有所降低,从这一层面上讲碳化对混凝土抗压强度是不利的。这两方面的综合作用使碳化对混凝土抗压强度提高不大,而且这种提高是局部的。由于碳化使混凝土呈现脆性,韧性降低使其吸收能量的能力下降,故碳化对混凝土构件的抗震性能有不良影响。

4.3.4.2　钢纤维体积率对混凝土抗压强度的影响

图 4-6 表示素混凝土和钢纤维体积率为 1.0% 的钢纤维混凝土在碳化 14 d 后,混凝土相对抗压强度(碳化后的混凝土抗压强度与相应碳化前的比值)的变化情况。也即当钢纤维体积率从 0 增加到 1.0% 时,对混凝土基体强度等级分别是 C20、C30 和 C40 的混凝土相对抗压强度的影响规律。

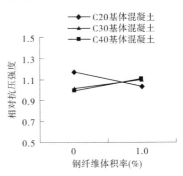

图 4-6　钢纤维体积率对混凝土相对抗压强度的影响

从图 4-6 可以看出,钢纤维体积率从 0 增加到 1.0% 时:混凝土基体强度等级为 C20 的混凝土,相对抗压强度从 117% 下降到 103%;混凝土基体强度等级为 C30 的混凝土,相对抗压强度从 99% 提高到 109%;混凝土基体强度等级为 C40 的混凝土,相对抗压强度从 102% 提高到 110% 。

基体混凝土强度等级较低(C20)时,随着钢纤维体积率的增大,碳化混凝土的相对抗压强度呈现下降的趋势。这是由于混凝土基体强度等级较低时，混凝土内部缺陷多，界面黏结性能不好，在这种状态下掺加钢纤维无疑增加了混凝土内部的薄弱环节；另外，碳化在碳化层产生碳化收缩，在钢纤维和砂浆界面产生了附加应力，削弱了界面性能，导致混凝土相对抗压强度有所下降。由此，在混凝土基体强度等级较低时，钢纤维发挥不了有效的作用。

基体混凝土强度等级较高(一般情况不小于 C30)时，随着钢纤维体积率的增大，碳化后混凝土的相对抗压强度呈现上升趋势。碳化后钢纤维混凝土的抗压强度普遍提高。这是因为掺加钢纤维不仅对由于碳化而在混凝土碳化层出现的微细裂缝有抑制作用，延缓其开裂和扩展，而且在承受荷载较低时使混凝土初始裂缝处于稳定状态，当钢纤维混凝土承受较大荷载时，界面微裂缝将引伸、扩展并向基体延伸，随着荷载继续增大，界面裂缝开始互相连接，此时钢纤维一方面抑制裂缝的扩展，另一方面跨越裂缝的钢纤维逐渐开始发挥增强作用，当荷载进一步增大后，裂缝进入失稳扩展阶段，在荷载不变的情况下，裂缝的扩展也会自行发展。随着变形增加，裂缝逐步贯穿成平行于受力方向的纵向裂缝，出现可见裂缝，横向变形加速发展，承载力迅速下降。在此阶段内，横跨裂缝的钢纤维有效地阻止了裂缝的扩展，随着钢纤维体积率的提高，试件变形增大，承载力也相应提高。但是在试件横向变形时，因黏结强度不足，承载力随着钢纤维体积率的提高而提高的幅度比劈拉强度和抗折强度小。荷载继续增大，钢纤维被拔出，荷载由钢纤维与基体间摩擦力和未拔出的钢纤维来承担，最后的破坏形态是裂而不散。

对于钢纤维混凝土，钢纤维改变混凝土抗拉性能，提高混凝土的极限拉应变，使碳化层混凝土的抗拉能力得到增强，从而减小碳化收缩带来的不利影响，且影响程度随碳化深度的增大越加明显。

关于钢纤维混凝土立方体试件的破坏形态，本实验观察发现：钢纤维增强的混凝土与素混凝土相比，有较大差异。随着钢纤维体积含量的提高，试件最终破坏形态由素混凝土的劈裂破坏变成钢纤维混凝土的膨胀破坏，钢纤维吸收了更多的能量，保证了试件破坏后结构的完整。

4.4　碳化后钢纤维混凝土劈拉强度实验研究

4.4.1　实验目的

在分析钢纤维混凝土增强机制时,均结合拉伸性能进行论述和实验。因为钢纤维的拉伸性能是其诸优异特性的集中表现,也是钢纤维改性混凝土的基本性能,对钢纤维拉伸性能的研究,直接与其他力学性能有关。因此,对碳化钢纤维混凝土的抗拉强度进行实验研究非常必要。本节用劈拉实验来研究碳化混凝土的抗拉性能。

劈拉强度是间接测定混凝土抗拉强度的方法之一,在国际上已经得到广泛运用,并被列入一些国家的实验标准中,如日本的 JIS1113、美国的 ASTMC49865 和美国的 BS188Part4 等,我国相关实验规程中也列入了劈拉强度实验的操作要求。同轴拉实验相比,劈拉强度实验操作更为简便省时,实验数据的离散性小,根据水工混凝土实验规程,立方体试件的劈拉强度计算式如下:

$$f_{pl} = \frac{2P}{\pi a^2} = 0.637 \times \frac{P}{a^2} \tag{4-1}$$

式中:f_{pl} 为试件的劈拉强度,MPa;P 为破坏荷载,kN;a 为试件尺寸,mm。

4.4.2　实验方法

4.4.2.1　测试内容

根据实验目的,本次实验主要测试试件各规定碳化龄期(3 d、7 d、14 d、28 d)的劈拉破坏荷载。

4.4.2.2　加载制度

混凝土劈拉破坏实验在 600 kN 压力实验机上进行。本次实验的加载测试制度按照《钢纤维混凝土试验方法》(CECS 13:89)进行,以 0.05~0.08 MPa/s 的速度对试件进行连续、均匀加载。实验时将试件放于压力机垫板的正中心(劈裂面应与试件的成型顶面垂直),劈条采用直径为 150 mm 的弧形钢垫条,钢垫条与试件之间设置木质三合板垫条,三合板不重复使用。

4.4.3　钢纤维对混凝土拉伸性能的影响

混凝土基体受力前后,裂缝变化分四个阶段,即收缩裂缝、裂缝的引发、裂缝稳定扩展、裂缝不稳定扩展四个阶段。在基体中掺入钢纤维后,虽然这四个阶段依然存在,但因钢纤维对混凝土的阻裂作用,使这四个阶段的特征产生明显的变化。其差异幅度与钢纤维特性、混凝土基体特性、两者相对含量和钢纤维-基体的界面黏结等有关。钢纤维对混凝土的作用决非限于裂后阶段,在受力和初裂之前,钢纤维已通过抑制混凝土基体收缩(收缩值可降低 50%左右)减小与缩小了裂缝源的数量和尺寸;在受力达到初裂之前,当钢纤维混凝土拉伸应变达到混凝土基体极限应变(0.01%~0.02%)时,混凝土基体并不立即开裂,直至轴拉应变倍增时,钢纤维混凝土才有可能出现初裂。所以,因钢纤维的掺入提高了混凝土的极限应变值和钢纤维混凝土的开裂强度,其提高幅度与钢纤维特性、混凝土基体特性、两者相对含量和钢纤维-基体的界面黏结等有关。

4.4.4　实验结果及其分析

碳化前后混凝土劈拉强度的实验结果如表 4-3 所示。

4.4.4.1　碳化龄期对碳化混凝土劈拉强度的影响

混凝土的劈拉强度用相对劈拉强度(碳化混凝土的劈拉强度与相应未碳化劈拉强度的比值)来分析。

图 4-7 表示 C30(水灰比为 0.44)混凝土基体在碳化龄期分别是 3 d、7 d、14 d、28 d 时和基体混凝土强度等级为 C20(水灰比为 0.52)、C40(水灰比为 0.37)的钢纤维混凝土在碳化龄期为 14 d、28 d 时,碳化龄期与混凝土劈拉强度的关系。

表 4-3　碳化前后混凝土劈拉强度测试

编号	序号	龄期（d）	碳化前劈拉荷载（kN）	碳化前劈拉强度（MPa）	平均（MPa）	碳化后劈拉荷载（kN）	碳化后劈拉强度（MPa）	平均（MPa）	相对劈拉强度
T300000	1	0	54	3.44	3.03				
	2		37	2.36					
	3		47.5	3.03					
T300003	1	3	54.5	3.47	3.3	33.5	2.13	2.38	0.72
	2		50	3.19		38.5	2.45		
	3		51	3.25		40	2.55		
T300007	1	7	33.1	2.11	3.23	42.2	2.69	2.69	0.83
	2		50.7	3.23		58	3.69		
	3		55.3	3.52		40	2.55		
T300014	1	14	50.2	3.2	2.93	39.5	2.52	3.01	1.03
	2		46.2	2.9		47.3	3.01		
	3		42.8	2.7		48.5	3.09		
T300028	1	28	53.3	3.4	3.4	58.5	3.73	3.7	1.09
	2		53.5	3.41		55.5	3.54		
	3		43	2.74		60	3.82		
T200000	1	0	46.5	2.96	2.74				0
	2		43	2.74					
	3		35.5	2.26					
T200014	1	14	47	2.99	2.88	43.5	2.77	2.73	0.95
	2		35.2	2.24		42	2.68		
	3		45.2	2.88		43	2.74		

续表 4-3

编号	序号	龄期(d)	碳化前劈拉荷载(kN)	碳化前劈拉强度(MPa)	平均(MPa)	碳化后劈拉荷载(kN)	碳化后劈拉强度(MPa)	平均(MPa)	相对劈拉强度
T201000	1	0	50.5	3.22	3.06				
	2		49.5	3.15					
	3		44	2.80					
T201014	1	14	51.8	3.30	3.14	54.3	3.46	3.66	1.17
	2		46.5	2.96		59.4	3.78		
	3		49.6	3.16		58.5	3.73		
T201028	1	28	60.5	3.85	3.85	70.8	4.51	4.8	1.25
	2		61	3.89		74.5	4.75		
	3		60	3.82		80.5	5.13		
T301000	1	0	67.7	4.31	4.07				
	2		64	4.08					
	3		60	3.82					
T301003	1	3	68	4.33	4.17	57.5	3.66	4.10	0.98
	2		63.5	4.04		64.5	4.11		
	3		65	4.14		71	4.52		
T301007	1	7	61	3.89	4.05	67.2	4.28	4.15	1.03
	2		64.5	4.11		58	3.69		
	3		65.2	4.15		70.5	4.49		
T301014	1	14	65	4.14	4.14	73.8	4.70	4.70	1.14
	2		53.5	3.41		81.8	5.21		
	3		80	5.10		61	3.89		

续表 4-3

编号	序号	龄期（d）	碳化前劈拉荷载（kN）	碳化前劈拉强度（MPa）	平均（MPa）	碳化后劈拉荷载（kN）	碳化后劈拉强度（MPa）	平均（MPa）	相对劈拉强度
T301028	1	28	70.2	4.47	4.47	77.2	4.92	4.64	1.04
	2		58.8	3.75		70.5	4.49		
	3		88.5	5.64		71	4.52		
T400000	1	0	65.4	4.17	4.17				
	2		66.3	4.22					
	3		52.7	3.36					
T400014	1	14	67	4.27	4.30	35	2.23	3.31	0.77
	2		66.5	4.24		52	3.31		
	3		68.8	4.38		63.5	4.04		
T401000	1	0	73.8	4.70	4.73				
	2		83.8	5.34					
	3		65.3	4.16					
T401014	1	14	74.5	4.75	4.44	63.4	4.04	4.65	1.05
	2		70	4.46		84.6	5.39		
	3		64.5	4.11		73	4.65		
T401028	1	28	84.5	5.38	5.26	89	5.67	5.67	1.08
	2		70.2	4.47		92.2	5.87		
	3		82.5	5.26		62	3.95		
T302000	1	0	81.5	5.19	5.12				
	2		75	4.78					
	3		84.5	5.38					

续表 4-3

编号	序号	龄期(d)	碳化前劈拉荷载(kN)	碳化前劈拉强度(MPa)	平均(MPa)	碳化后劈拉荷载(kN)	碳化后劈拉强度(MPa)	平均(MPa)	相对劈拉强度
T302003	1	3	80	5.10	4.68	88	5.61	4.91	0.93
	2		77.5	4.94		72	4.59		
	3		63	4.01		71	4.52		
T302007	1	7	76.8	4.89	5.48	94.5	6.02	5.85	1.07
	2		87.5	5.57		91.5	5.83		
	3		94	5.99		89.5	5.70		
T302014	1	14	91.5	5.83	5.11	78	4.97	4.91	0.98
	2		70.5	4.49		81	5.16		
	3		78.5	5.11		72	4.59		
T302028	1	28	70.5	4.49	5.06	84.7	5.40	5.85	1.15
	2		78.8	5.02		93.5	5.96		
	3		89	5.67		97	6.18		

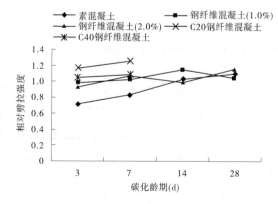

图 4-7　碳化龄期对混凝土相对劈拉强度的影响

由图 4-7 可以看出,随着碳化龄期增大,C30 混凝土的相对劈拉强度大致呈现上升趋势,但变化幅度不大。素混凝土在碳化龄期较短(3 d、7 d)时,碳化后的劈拉强度反而有所降低,降低幅度为 17%～28%,随着碳化龄期的增大,碳化后的劈拉强度开始增大,碳化 28 d 后,劈拉强度提高幅度为 9%;钢纤维体积率分别是 1.0%、2.0% 的钢纤维混凝土相对劈拉强度呈上升趋势,表明随着碳化龄期的增大,钢纤维混凝土的劈拉强度有所提高。

随着碳化龄期的增加,钢纤维混凝土劈拉强度提高。混凝土碳化后,混凝土基体内的化学成分和孔隙结构发生了变化,氢氧化钙与二氧化碳在有水的状态下生成不溶于水的碳酸钙,碳酸钙填充于混凝土内部的毛细孔、微裂缝及凝胶孔等中。随着碳化龄期的增大,碳化反应越深入,碳化深度越大,在碳化层混凝土的孔隙率降低,在表面形成致密的方解石微晶体,提高了混凝土的密实度,改善了钢纤维混凝土的性能。

值得一提的是,基体为 C20 的钢纤维混凝土碳化后劈拉强度提高的速度和幅度都高于相应基体为 C40 的钢纤维混凝土。

4.4.4.2　钢纤维体积率对碳化混凝土劈拉强度的影响

图 4-8 表示基体混凝土强度等级为 C30 的混凝土随着钢纤维体积率的增加,在相应碳化龄期下混凝土劈拉强度的变化规律;图 4-9 则表示与图 4-8 相对应的未碳化混凝土劈拉强度随着钢纤维体积率的增加所表现的规律性。

从图 4-8、图 4-9 相比较来看:随着钢纤维体积率的增加,混凝土的劈拉强度得到明显的提高。

钢纤维混凝土复合材料在基体混凝土开裂后,由于钢纤维跨越于裂缝两边,不会发生类似基体混凝土那样的脆断,而是由于钢纤维拉断或自基体中的拔出产生破坏。究竟是钢纤维拉断还是钢纤维拔出,主要取决于钢纤维与水泥基体间的黏结以及裂缝断面上钢纤维所能承受拉力大小的比较,若前者大于后者,则钢纤维将被拉断,反之则钢纤维将从基体拔出。对于短切钢纤维来说多属于钢纤维拔出破坏,当钢纤维几何形状确定后,钢纤维与混凝土间的界面剪切黏结强度的大小主

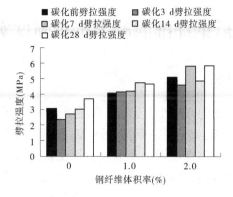

图 4-8　钢纤维体积率对钢纤维混凝土劈拉强度的影响(碳化后)

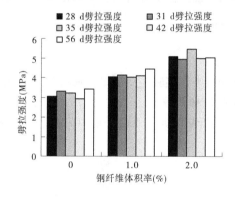

图 4-9　钢纤维体积率对钢纤维混凝土劈拉强度的影响(未碳化)

要决定了钢纤维混凝土开裂后的性能。若黏结强度较高,则开裂后的应力水平保留率也较高,反之则较低;若黏结强度一定,则钢纤维掺入越多则裂后应力水平保留率也较高。因此,短钢纤维混凝土的性能,尤其是裂后性能与钢纤维自混凝土中拔出的破坏有关,而这破坏过程的影响因素较多,如需要考虑钢纤维与混凝土间界面剪切黏结强度的大小、脱黏破坏的具体过程、脱黏后钢纤维与水泥基材间的滑动摩阻力、钢纤维在混凝土中的取向排列、加荷速率的大小等,这有待更进一步的研究。

4.5　碳化后钢纤维混凝土抗折强度实验研究

4.5.1　实验目的

钢纤维混凝土的弯曲性能是钢纤维混凝土应用于许多工程结构中需考虑的重要性能,如公路路面、机场道面、桥面以及其他承受弯曲荷载的结构与制品。钢纤维混凝土的抗折强度是其弯曲性能的综合指标,对其进行实验研究就显得尤为重要。前面提到的工程结构长时间地暴露在自然环境中,与大气接触,不可避免地会发生碳化侵蚀。因此,对钢纤维混凝土抗折强度进行碳化实验研究具有实际工程意义。

4.5.2　实验方法

4.5.2.1　测试内容

根据实验目的,本次实验主要测试试件各规定碳化龄期(3 d、7 d、14 d、28 d)的抗折破坏荷载。

试件破坏时的折断面如位于两个集中荷载之间,则按式(4-2)计算抗折强度:

$$f_z = \frac{Fl}{bh^2} \tag{4-2}$$

式中:f_z 为混凝土抗折强度,MPa;F 为混凝土抗折破坏的最大荷载,kN;l 为支座间距,mm;b 为试件截面宽度,mm;h 为试件截面高度,mm。

4.5.2.2　加载制度

混凝土抗折强度实验在 300 kN 抗折实验机上进行。本次实验的加载测试制度按照《钢纤维混凝土试验方法》(CECS 13:89)进行,以 0.05~0.08 MPa/s 的速度对试件进行连续、均匀加载。加载方式为三分点对称加载,实验装置如图 4-10 所示。

4.5.3　钢纤维对混凝土抗折强度的影响

钢纤维混凝土的抗折强度远比抗拉强度高。在钢纤维混凝土抗折

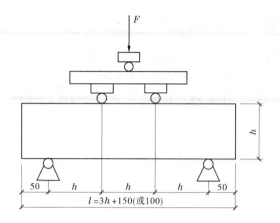

图 4-10　抗折实验示意图

试件截面上,拉应力分布与压应力也不一样。因拉区钢纤维的拔出或延伸,引起假塑性性状,故在荷载作用下,有弯曲增强作用。

　　加载初期,钢纤维混凝土拉区与压区的应力沿截面高度分布基本是线性的。当荷载继续增大,拉区变形达到钢纤维混凝土初裂应变时,混凝土基体出现裂缝,跨越裂缝的钢纤维仍能通过界面传递应力,使抗折试件保持平衡,而不像普通混凝土那样,一旦裂缝扩展便导致试件的断裂。因受力前后钢纤维对混凝土的阻裂效应,抗折初裂荷载随着钢纤维体积率、长径比的增加和纤维形状的不同有不同程度的提高。由于裂缝的出现,拉应变增大,拉区应力分布出现非线性,且拉应变增长速率比压应变大。在此阶段中,处于弹性阶段的钢纤维通过界面黏结横贯裂缝并传递应力,随着荷载增大裂缝继续扩展,钢纤维混凝土处于弹塑性阶段。当拉区应变达到钢纤维混凝土的极限拉应变时,拉区边缘将会产生裂缝。继续增加荷载,钢纤维开始被拔出,随拉区合力增加及合力作用点的变化,钢纤维混凝土的抗折能力仍有一定的提高,最终达到钢纤维混凝土的极限抗折强度。随后因钢纤维与基体间界面黏结强度逐步达到极限,钢纤维不断拔出,中和轴上移,拉区应力合力作用力臂的减小速率大于其合力作用值增加速率,抗折能力下降。

4.5.4 实验结果及其分析

碳化前后混凝土抗折强度实验结果如表4-4所示。

表 4-4 碳化前后混凝土抗折强度测试

编号	序号	龄期（d）	碳化前抗折荷载（kN）	碳化前抗折强度（MPa）	平均（MPa）	碳化后抗折荷载（kN）	碳化后抗折强度（MPa）	平均（MPa）	相对抗折强度
T300000	1	0	16.2	4.86	4.2				
	2		12.5	3.75					
	3		14	4.2					
T300003	1	3	13.2	3.96	4.08	14.9	4.47	4.31	1.06
	2		13	3.9		14	4.2		
	3		14.6	4.38		14.2	4.26		
T300007	1	7	13.9	4.17	4.2	14.5	4.35	4.02	0.96
	2		14	4.2		13.5	4.05		
	3		17.2	5.16		12.2	3.66		
T300014	1	14	14.1	4.23	4.56	16	4.8	4.66	1.02
	2		15.2	4.56		15.6	4.68		
	3		19.2	5.76		15	4.5		
T300028	1	28	18.6	5.58	5.76	15.8	4.74	4.74	0.82
	2		19.6	5.88		15.2	4.56		
	3		19.4	5.82		23	6.9		
T200000	1		13.5	4.05	4.19				0
	2		13.2	3.96					
	3		15.2	4.56					

续表 4-4

编号	序号	龄期（d）	碳化前抗折荷载（kN）	碳化前抗折强度（MPa）	平均（MPa）	碳化后抗折荷载（kN）	碳化后抗折强度（MPa）	平均（MPa）	相对抗折强度
T200014	1	14	13.9	4.17	4.17	10.5	3.15	3.51	0.84
	2		12.6	3.78		11.6	3.48		
	3		16	4.8		13	3.9		
T201000	1	0	13.4	4.02	4.29				0
	2		14.6	4.38					
	3		14.9	4.47					
T201014	1	14	21.2	6.36	4.8	14.6	4.38	4.62	0.96
	2		16	4.8		15.8	4.74		
	3		14.8	4.44		15.8	4.74		
T201028	1	28	19	5.7	5.7	19.6	5.88	5.1	0.89
	2		19.5	5.85		17	5.1		
	3		15.6	4.68		14.4	4.32		
T301000	1	0	15	4.5	5.08				
	2		18.8	5.64					
	3		17	5.1					
T301003	1	3	20.2	6.06	5.58	17.8	5.34	5.46	0.98
	2		17.8	5.34		22.8	6.84		
	3		17.8	5.34		18.2	5.46		
T301007	1	7	22	6.6	5.22	15.4	4.62	5.79	1.11
	2		17.4	5.22		19.3	5.79		
	3			0		20.7	6.21		

续表 4-4

编号	序号	龄期(d)	碳化前抗折荷载(kN)	碳化前抗折强度(MPa)	平均(MPa)	碳化后抗折荷载(kN)	碳化后抗折强度(MPa)	平均(MPa)	相对抗折强度
T301014	1	14	16	4.8	5.35	18.9	5.67	4.86	0.91
	2		18.6	5.58		15.8	4.74		
	3		18.9	5.67		16.2	4.86		
T301028	1	28	20.6	6.18	4.62	18.7	5.61	5.61	1.21
	2		14.6	4.38		13.5	4.05		
	3		15.4	4.62		21.7	6.51		
T400000	1	0	18	5.4	5.39				0
	2		17.4	5.22					
	3		18.5	5.55					
T400014	1	14	20.1	6.03	5.49	14	4.2	4.53	0.83
	2		16	4.8		15.7	4.71		
	3		18.8	5.64		15.6	4.68		
T401000	1	0	17.3	5.19	6.49				0
	2		22	6.6					
	3		25.6	7.68					
T401014	1	14	17.7	5.31	6	18.2	5.46	5.52	0.92
	2		21.6	6.48		19.4	5.82		
	3		20.7	6.21		17.6	5.28		
T401028	1	28	17.6	5.28	5.36	24.2	7.26	6.24	1.16
	2		17.6	5.28		16.8	5.04		
	3		18.4	5.52		20.8	6.24		

续表 4-4

编号	序号	龄期 (d)	碳化前抗折荷载 (kN)	碳化前抗折强度 (MPa)	平均 (MPa)	碳化后抗折荷载 (kN)	碳化后抗折强度 (MPa)	平均 (MPa)	相对抗折强度
T302000	1	0	21.2	6.36	6.47				
	2		23.7	7.11					
	3		19.8	5.94					
T302003	1	3	21.6	6.48	6.53	23.6	7.08	6	0.92
	2		21.1	6.33		18.4	5.52		
	3		22.6	6.78		20	6		
T302007	1	7	16.9	5.07	5.07	22.1	6.63	6.27	1.24
	2		20.9	6.27		19.1	5.73		
	3			0		21.5	6.45		
T302014	1	14	18.6	5.58	5.78	21.8	6.54	7.1	1.23
	2		18	5.4		26.2	7.86		
	3		21.2	6.36		23	6.9		
T302028	1	28	20	6	6.38	30	9	8.88	1.39
	2		24	7.2		29.6	8.88		
	3		19.8	5.94		24.8	7.44		

注:当一组试件中强度的最大值或最小值与中间值之差超过中间值的 15%,取中间值作为该组试件的强度代表值,后同。

碳化龄期和钢纤维体积率对碳化混凝土抗折强度的影响:

用相对抗折强度(碳化后混凝土的抗折强度与相应未碳化的抗折强度的比值)来分析混凝土的抗折强度的变化规律。

图 4-11 表示混凝土基体强度等级为 C30 的(钢纤维)混凝土在碳化龄期分别是 3 d、7 d、14 d、28 d 时和基体混凝土强度等级为 C20、C40 的钢纤维混凝土($\rho_f = 1.0\%$)在碳化龄期为 14 d、28 d 时,碳化龄期与混

凝土抗折强度的关系。

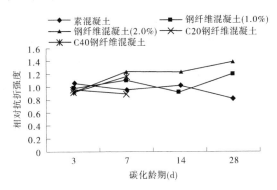

图 4-11　碳化龄期对混凝土相对抗折强度的影响

从图 4-11 可以看出,随着碳化龄期的增加,对于混凝土基体强度等级为 C20 的钢纤维混凝土,其相对抗折强度略有降低,降低幅度较小。对于混凝土基体强度等级为 C30 的素混凝土和钢纤维混凝土的抗折强度普遍提高,提高幅度约为 30%;对于混凝土基体强度等级为 C40 的钢纤维混凝土的抗折强度提高约为 20%。

混凝土基体强度等级较低时,混凝土受碳化收缩的影响大。随着碳化龄期的增大,碳化后的混凝土试件在受荷前,已经在混凝土的纤维边缘产生了微裂缝。混凝土抗折试件在受荷时,对这种微裂缝比较敏感,使混凝土抗折强度降低。混凝土基体强度等级较高时,随着碳化龄期的增加,一方面由于混凝土自身砂浆胶体抗拉性能好,削弱了因碳化收缩产生的不利影响;另一方面由于混凝土中的可碳化物质与 CO_2 发生一系列反应,生成不溶于水的碳酸钙填充混凝土内部的孔隙,改善了混凝土的力学性能,提高了混凝土的密实性,致使混凝土的抗折强度随着碳化龄期的增加而提高。

从图 4-11 也可以看出,对于基体强度等级为 C30 的混凝土,当钢纤维体积率从 0 增大到 1.0%时,抗折强度提高了 21%;体积率增大到 2.0%时,抗折强度提高 54%。对于基体强度等级为 C20 的混凝土,当钢纤维体积率从 0 增大到 1.0%时,抗折强度提高 2%。基体混凝土强度等级为 C40 的混凝土,当钢纤维体积率从 0 增大到 1.0%时,抗折强度提高 20%。

随着钢纤维体积率的增大、碳化龄期的增加,混凝土的抗折强度有不同程度的提高,这是由于钢纤维对碳化区混凝土裂缝的约束作用,从而使受拉区混凝土的合力得到提高的缘故。另外,钢纤维能阻止混凝土中裂缝的发生和发展,因而克服了混凝土基体中的微观裂缝和缺陷产生的应力集中引起的过早开裂,使混凝土的抗折强度得到了提高。

宏观上解释:由于钢纤维的弹性模量高于混凝土的弹性模量,从而起到提高混凝土抗折强度的作用。

4.6　结　论

本章对各规定碳化龄期混凝土试件以及相应没有碳化的试件的抗压强度、劈拉强度及抗折强度进行了实验研究。综合以上实验结果,得出以下结论:

(1)由于钢纤维的存在增大了混凝土的延性,普通混凝土受压或者劈拉破坏呈现脆性,破坏后试件离散;钢纤维混凝土受压或劈拉破坏后试件保持完整。

(2)随着钢纤维体积率的增加、碳化龄期的增大,混凝土的抗压强度增大。这是由于:一方面混凝土自身发生碳化反应,生成不溶于水的碳酸钙填充了混凝土内部的孔隙,提高了混凝土的密实度;另一方面,钢纤维的掺入削弱了因碳化收缩产生的不利影响,起到了限裂增强的作用。

(3)随着钢纤维体积率的增加、碳化龄期的增大,(钢纤维)混凝土劈拉强度增大,基体强度等级为 C20 的钢纤维混凝土碳化后劈拉强度提高的速度和幅度都高于相应基体强度等级为 C40 的钢纤维混凝土。

(4)随着钢纤维体积率的增大、碳化龄期的增加,混凝土的抗折强度有不同程度的提高,这是由于钢纤维对碳化区混凝土裂缝的约束作用,从而使受拉区混凝土的合力得到提高。另外,钢纤维能阻止混凝土中裂缝的发生和发展,因而克服了混凝土基体中的微观裂缝和缺陷产生的应力集中而引起的过早开裂,使混凝土的抗折强度得到了提高。

(5)混凝土基体强度等级较高时,钢纤维的掺加优化了混凝土的孔结构、空隙结构,提高了混凝土抗碳化能力。

(6)基体混凝土强度等级较低时,钢纤维对混凝土的抗折强度几乎没有提高,甚至将降低混凝土的抗折强度,这是由于界面黏结性差,钢纤维的掺入实质上削弱了混凝土的整体性。

参考文献

[1] 高丹盈,刘建秀.钢纤维混凝土基本理论[M].北京:科学技术文献出版社,1994:182-184.

[2] 高丹盈,赵军,朱海堂.钢纤维混凝土设计与应用[M].北京:中国建筑工业出版社,2002:38-44.

[3] 赵国藩,彭少民,黄承逵,等.钢纤维混凝土结构[M].北京:中国建筑出版社,1999:89-91.

[4] 阿列克谢耶夫.钢筋混凝土结构中钢筋腐蚀与保护[M].黄何信,等译.北京:中国建筑工业出版社,1983:52-54.

[5] 朱安民.混凝土碳化与钢筋混凝土耐久性[J].混凝土,1992(6):63-64.

[6] 邸小坛,周燕.混凝土碳化规律研究[R].北京:中国建筑科学院结构研究所,1994.

[7] 邸小坛,周燕.混凝土碳化规律研究[R].北京:中国建筑科学研究院,1995:90-92.

[8] 龚洛书,柳春圃.混凝土的耐久性及其防护修补[M].北京:中国建筑工业出版社,1990:33-35.

[9] 颜承越.水灰比—碳化方程与抗压强度—碳化方程的比较[J].混凝土,1994(3):46-49.

[10] 范子彦.碳化混凝土的抗压强度[D].上海:同济大学,1997.

[11] 李检保.混凝土碳化及其碳化后力学性能试验与分析[D].上海:同济大学,1997.

[12] 蒋利学.混凝土碳化深度计算模型及试验研究[D].上海:同济大学,1996.

[13] 张令茂,江文辉.混凝土自然碳化及其与人工加速碳化的相关性研究[J].西安冶金建筑学院学报,1990(9):112-114.

[14] 鲁莉,梁发云,刘祖华.混凝土碳化后的受压应力—应变关系[J].住宅科技, 1999(4):96-98.

[15] Ian Sims.The Assessment of Concretefor Carbonation[J]. Concrete, Nov/Dec, 1994:36-37.

[16] 梁发云.碳化后混凝土基本构件力学性能研究[D].上海:同济大学,1998.

[17] 肖建庄.钢筋混凝土框架柱轴压比限值研究[D].上海:同济大学,1997.

[18] 朱伯龙,刘祖华.混凝土旧房改造应有自己的规范[J].结构工程师,1996(2).

[19] 梁发云,刘祖华.碳化对旧混凝土结构检测与鉴定的影响[J].住宅科技,1998 (4):63-65.

[20] 哈尔滨建筑工程学院,大连理工大学.钢纤维混凝土试验方法:CECS 13:89 [S].1992.

[21] 赵述智,王忠德.实用建筑材料试验手册[S].北京:中国建筑工业出版社, 1997.

第 5 章　钢纤维混凝土
碳化深度预测

　　本章介绍了国内外目前关于混凝土碳化深度的预测模型,并结合本书实验数据建立了两个钢纤维混凝土的碳化深度预测模型。

5.1　概　述

　　研究混凝土碳化,建立碳化深度预测模型对混凝土结构耐久性的评估具有重要意义。自 20 世纪 60 年代以来,国内外有关专家学者相继开展了混凝土碳化的研究。经过 40 多年的研究,对碳化机制及碳化影响因素等问题有了深刻的认识,并从不同角度提出了很多碳化深度的计算模型,为进一步研究混凝土中的钢筋锈蚀与混凝土结构的寿命预测奠定了基础。但是,由于考虑问题的侧重点不同,使其应用受到一定条件的限制。因此,建立一个适用范围广,便于应用计算的混凝土碳化深度预测模型是十分必要的。

　　近 30 年来,国内外不同的学者采用快速碳化实验、长期暴露实验、实际建筑物碳化调查及扩散理论等不同的方法,对混凝土碳化问题进行了多角度的研究,基于研究者对碳化速度理解的不同及所考虑的主要因素不同,围绕碳化系数建立了多种碳化速度计算模型。基本上可以归纳为:

　　(1)基于扩散理论建立的理论模型。

　　(2)基于碳化实验建立的经验模型。

　　最早提出混凝土碳化深度理论预测模型的是苏联学者阿列克谢耶夫,他基于 Fick 第一扩散定律及 CO_2 在多孔介质中扩散和吸收的特点,给出数学模型:

$$x = \sqrt{\frac{2D_e n_0 t}{m_0}} \tag{5-1}$$

式中：x 为混凝土的碳化深度；t 为碳化时间；m_0 为单位体积混凝土吸收 CO_2 的量；D_e 为 CO_2 在混凝土中的有效扩散系数；n_0 为混凝土周围环境中 CO_2 气体的浓度。

该模型的优点是形式简单，易于理解，为大多数学者所采用；不足之处是各碳化影响因素都只能通过系数 D_e 来体现，而又没有给出 D_e 的计算方法，所以使用起来有一定的困难。

希腊学者 Papadakis 从 Fick 第一扩散定律出发，在充分研究混凝土碳化反应的物理化学全过程的基础上，根据碳化反应过程中的质量平衡条件，建立并求解偏微分方程，得到如下解析模型：

$$x = \sqrt{\frac{2D_e\left[CO_2\right]^0}{\left[Ca(OH)_2\right]^0 + 3\left[CSH\right]^0 + 3\left[C_3S\right]^0 + 2\left[C_2S\right]^0}\sqrt{t}} \tag{5-2}$$

式中：$\left[CO_2\right]^0$、$\left[Ca(OH)_2\right]^0$、$\left[CSH\right]^0$、$\left[C_3S\right]^0$、$\left[C_2S\right]^0$ 分别为各物质的初始摩尔浓度。此模型中虽然各参数含义明确并给出了相应的计算方法，但是由于形式过于复杂，使用范围受到很大的限制。

以上是两种最主要的理论模型，此外各国学者从更简洁的形式：

$$x = k\sqrt{t} \tag{5-3}$$

出发，针对不同的碳化影响因素，根据各自的实验结果，采用回归分析的方法，得出相应的修正系数，建立了一系列的经验数学模型。各碳化数学模型具体表达式见表 5-1。

表 5-1　混凝土碳化深度预测模型

编号	提出者	模型表达式	参数说明
1	阿列克谢耶夫	$x = \sqrt{\dfrac{2D_e C_0}{m_0}\sqrt{t}}$	D_e—CO_2 气体在混凝土中的有效扩散系数； C_0—环境中 CO_2 气体的浓度； m_0—单位体积混凝土 CO_2 气体吸收量

续表 5-1

编号	提出者	模型表达式	参数说明
2	Papadakis	$$x=\sqrt{\dfrac{2D_e[CO_2]^0}{[Ca(OH)_2]^0+3[CSH]^0+3[C_3S]^0+2[C_2S]^0}}\sqrt{t}$$	$[CO_2]^0$—环境中 CO_2 气体摩尔浓度；$[Ca(OH)_2]^0$、$[CSH]^0$、$[C_3S]^0$、$[C_2S]^0$—各可碳化物质初始摩尔浓度
3	Smolcyk	$$x=250\left(\dfrac{1}{\sqrt{R_c}}-\dfrac{1}{\sqrt{R_g}}\right)\sqrt{t}$$	R_g—假定混凝土不碳化的极限强度，$R_g=625\ kg/cm^2$；R_c—混凝土抗压强度
4	蒋学利	$$x=839(1-RH)1.1\sqrt{\dfrac{W/(\gamma_c C)-0.34}{\gamma_{HD}\gamma_c C}}C_0 t$$	RH—环境相对湿度；W/C—水灰比；C—水泥用量；γ_c—水泥品种修正系数，普通硅酸盐水泥取 1，其他取 1-掺合料量；γ_{HD}—水化程度修正系数，90 d 养护取 1，28 d 养护取 0.85
5	依田章彦	$$x=\dfrac{100W/C-38.44}{\sqrt{148.8\alpha\beta\gamma}}\sqrt{t}$$ （当 CO_2 浓度为 0.03%时）$$x=\dfrac{100W/C-22.16}{\sqrt{258.1\alpha\beta\gamma}}\sqrt{t}$$ （当 CO_2 浓度为 0.01%时）	α—混凝土品质系数；β—装修层对碳化的延迟系数；γ—环境条件系数
6	Smolcyk	$$x=7\left(\dfrac{100W/C}{\sqrt{R_T}}-0.75\right)\sqrt{t}-0.50$$	R_T—T 天龄期的水泥强度
7	Lesahe de Fontenay C	$$x=\sqrt{6\,000(R_{28}+25)^{-0.15}\cdot6\sqrt{t}}$$	R_{28}—混凝土 28 d 强度
8	日本混凝土配合比设计规范	$$x=\sqrt{\dfrac{(W/C-0.25)^2}{0.3(1.15+3W/C)}\sqrt{t}^{\ t_0}}$$	t_0—混凝土养护龄期

续表 5-1

编号	提出者	模型表达式	参数说明
9	Nagataki	$x = \sqrt{(3.65p + 547)\exp(-0.075R)}\sqrt{t}$	p—混合材料掺量(%)；R—混凝土抗压强度
10	日本建筑学会	$x = \dfrac{1}{\sqrt{abcsA_0}}\sqrt{t}$	a—材质差异系数，考虑水灰比、水泥品种、外加剂的影响； b—区域系数，考虑温度和 CO_2 浓度的影响； c—状态差异系数，考虑裂缝、部位等的影响； s—有装修层的时间迟延系数； A_0—某状态下的碳化常数
11	黄士元	$x = 73.54(k_c)^{0.83}(k_w)^{0.13}\sqrt{t}$ $(W/C \leqslant 0.6)$ $x = 104.27(k_c)^{0.54}(k_w)^{0.47}\sqrt{t}$ $(W/C > 0.6)$	k_c—水灰比影响系数，$k_c = (9.844W/C - 2.982)\times 10^{-3}$； k_w—水泥用量影响系数，$k_w = (-0.019\,1 + 9.311)\times 10^{-3}$
12	龚洛书	$x = k_w k_c k_g k_{FA} k_b k_r B\sqrt{t}$	k_w—水灰比影响系数，$k_w = 4.15W/C - 1.02$； k_c—水泥用量影响系数，$k_c = 253c - 0.964$； k_g—骨料品种影响系数； k_{FA}—粉煤灰掺量影响系数，$k_{FA} = 0.968 + 0.032FA$； k_b—养护方法影响系数； k_r—水泥品种影响系数； B—混凝土品质影响系数，普通混凝土为 0.121，轻骨料混凝土为 0.219

续表 5-1

编号	提出者	模型表达式	参数说明
13	邸小坛	$400^{\#}$矿渣硅酸盐水泥 $x = 500(5.41W/C - 1.00)\ C^{-0.9}\sqrt[9]{t}$ $500^{\#}$矿渣硅酸盐水泥 $x = 495(4.98W/C - 1.00)\ C^{-0.9}\sqrt[9]{t}$ $300^{\#}$普通硅酸盐水泥 $x = 463(4.79W/C - 1.00)\ C^{-0.9}\sqrt[9]{t}$ $400^{\#}$普通硅酸盐水泥 $x = 450(4.7W/C - 1.00)\ C^{-0.9}\sqrt[9]{t}$ $500^{\#}$普通硅酸盐水泥 $x = 407(4.23W/C - 1.00)\ C^{-0.9}\sqrt[9]{t}$ $600^{\#}$普通硅酸盐水泥 $x = 300(4.08W/C - 1.00)\ C^{-0.9}\sqrt[9]{t}$	左边各式仅适用北京室内环境,其他情况应乘以以下比例系数: |	室内	室外
---	---	---
北京	1.00	0.72
西宁	0.80	0.66
贵阳	0.85	0.54
杭州	0.85	0.72	

5.2　钢纤维混凝土碳化深度实验研究

5.2.1　实验目的

在所有碳化深度的预测模型中,大多数都是以水灰比为主要参数的模型。由于水灰比与混凝土碳化的物理化学过程密切联系,因此混凝土的碳化速度与水灰比的相关性很好。但也存在一些不足:①水灰比虽然是决定混凝土性能的一个主要参数,但仍不能全面反映混凝土的质量状况。②水灰比与反映混凝土性能的主要强度指标相比,在实际中很难确切得到,而强度却容易测得,因而以水灰比为主要参数建立的模型不便于实际应用。混凝土强度作为反映混凝土性能的一个合理指标,它综合反映了各种因素(水灰比、骨料品种、水泥用量、水泥品种、浇筑质量、养护条件等)对混凝土品质的影响。因此,以混凝土抗压强度为主要参数,建立碳化预测模型更具有实际意义。本文在现有的以混凝土抗压强度为主要参数的模型基础上,考虑钢纤维体积率的影响,提出钢纤维混凝土碳化深度的计算公式。

5.2.2　实验方法

5.2.2.1　测试内容

根据实验目的,本次实验主要测试试件规定碳化龄期(3 d、7 d、14 d、28 d)的碳化深度。实验前,在 100 mm×100 mm×100 mm 的立方体试件相对的两侧面以 10 mm 间隔画 9 条平行线,分成等距离的 10 格,其余面用石蜡密封好。

5.2.2.2　测试方法

混凝土试件的劈裂在 600 kN 压力实验机上进行。本次实验的加载测试制度按照《钢纤维混凝土试验方法》(CECS 13:89)进行,以 0.05~0.08 MPa/s 的速度对试件进行连续、均匀加载。在劈裂面上喷洒配制好的酚酞溶液,未碳化区呈现红色,碳化区不变色,用钢尺测出碳化深度,遇到石子的点无效,各点的算术平均值即为混凝土的碳化深度。

5.2.3　实验结果

混凝土碳化前后抗压强度及混凝土碳化深度实验结果见表 5-2。

表 5-2　混凝土碳化前后抗压强度及混凝土碳化深度统计

编号	序号	碳化龄期(d)	碳化前抗压荷载(kN)	碳化前抗压强度(MPa)	平均(MPa)	碳化后抗压荷载(kN)	碳化后抗压强度(MPa)	平均(MPa)	碳化深度(mm)	平均(mm)
	1		296	29.6		357	35.7		11.4	
T200014	2	14	278	27.8	29.7	335	33.5	34.8	10	10.45
	3		316	31.6		351	35.1		9.94	
	1		324	32.4		344	34.4		12.7	
T201014	2	14	324	32.4	32.3	355	35.5	33.3	13.2	13.73
	3		320	32		299	29.9		15.3	

续表 5-2

编号	序号	碳化龄期（d）	碳化前抗压荷载（kN）	碳化前抗压强度（MPa）	平均（MPa）	碳化后抗压荷载（kN）	碳化后抗压强度（MPa）	平均（MPa）	碳化深度（mm）	平均（mm）
T201028	1	28	301.4	30.14	30.05	359.7	35.97	35.01	18.56	16.96
	2		278.3	27.83		357.4	35.74		16.43	
	3		321.8	32.18		333.2	33.32		15.88	
T300000	1	0	353	35.3	34.2					
	2		336	33.6						
	3		339	33.9						
T300003	1	3	354	35.4	35.2	362	36.2	36.8	2.7	2.4
	2		342	34.2		363	36.3		1.9	
	3		361	36.1		378	37.8		2.5	
T300007	1	7	371	37.1	39.1	416	41.6	40	2.94	2.77
	2		400	40		397	39.7		2.78	
	3		401	40.1		388	38.8		2.6	
T300014	1	14	372	37.2	37.1	414	41.4	34.8	6	6.57
	2		348	34.8		265	26.5		7.4	
	3		393	39.3		366	36.6		6.3	
T300028	1	28	401.6	40.16	38.44	397.9	39.79	40.92	10.94	9.41
	2		371.2	37.12		420.5	42.05		8.83	
	3		380.4	38.04		409.1	40.91		8.47	
T301000	1	0	358.6	35.86	36.39					
	2		357	35.7						
	3		376	37.6						

续表 5-2

编号	序号	碳化龄期（d）	碳化前抗压荷载（kN）	碳化前抗压强度（MPa）	平均（MPa）	碳化后抗压荷载（kN）	碳化后抗压强度（MPa）	平均（MPa）	碳化深度（mm）	平均（mm）
T301003	1	3	355.5	35.55	34.35	357.6	35.76	36.91	2.3	2.18
	2		363.8	36.38		374.7	37.47		2.3	
	3		311.3	31.13		374.9	37.49		1.94	
T301007	1	7	354.4	35.44	33.97	380	38	36.18	3.22	2.92
	2		335.2	33.52		368.8	36.88		2.72	
	3		329.5	32.95		336.7	33.67		2.82	
T301014	1	14	417.5	41.75	38.06	327.6	32.76	39.89	4.93	5.24
	2		384.6	38.46		415.3	41.53		5.1	
	3		339.8	33.98		453.7	45.37		5.7	
T301028	1	28	402.1	40.21	42.09	415.1	41.51	44.58	6.69	6.6
	2		445.1	44.51		463.6	46.36		6.94	
	3		415.6	41.56		458.7	45.87		6.17	
T302000	1	0	374.1	37.41	35.97					
	2		344	34.4						
	3		360.9	36.09						
T302003	1	3	371.9	37.19	36.92	325.9	32.59	34.77	1	1.17
	2		352.5	35.25		344.4	34.44		1.5	
	3		383.3	38.33		372.7	37.27		1	
T302007	1	7	377.8	37.78	35.56	326.4	32.64	38.64	2.5	2.48
	2		360	36		420.8	42.08		2.39	
	3		329.1	32.91		412.1	41.21		2.56	

续表 5-2

编号	序号	碳化龄期（d）	碳化前抗压荷载（kN）	碳化前抗压强度（MPa）	平均（MPa）	碳化后抗压荷载（kN）	碳化后抗压强度（MPa）	平均（MPa）	碳化深度（mm）	平均（mm）
T302014	1	14	387.7	38.77	38.48	426.5	42.65	42.34	3.89	3.63
	2		386.9	38.69		423.2	42.32		3.61	
	3		379.9	37.99		420.6	42.06		3.39	
T302028	1	28	393.7	39.37	39.94	449.8	44.98	44.03	8.15	8.10
	2		405.4	40.54		496.5	49.65		8.06	
	3		399.2	39.92		374.5	37.45		8.1	
T400014	1	14	420.2	42.02	39.61	448.5	44.85	42.69		
	2		441.8	44.18		446.2	44.62			
	3		326.4	32.64		386.1	38.61			
T401014	1	14	438.9	43.89	43.17	468.8	46.82	47.49	3.78	4.08
	2		413.3	41.33		488.3	48.83		3.67	
	3		442.9	44.29		468.2	46.82		4.78	
T401028	1	28	431.6	43.16	44.35	500.9	50.09	48.93	5	5.01
	2		444.3	44.43		505.2	50.52		4.94	
	3		454.5	45.45		461.9	46.19		5.1	

5.2.4　实验结果分析

　　图 5-1、图 5-2、图 5-3 反映的是钢纤维体积率、强度等级、混凝土碳化龄期与混凝土碳化深度的关系。从图 5-1、图 5-2 中可以明显看出：随着钢纤维体积率的增大，混凝土碳化深度逐渐下降。随着混凝土强度等级的提高，也即水灰比的减小，混凝土的碳化深度逐渐降低，混凝

土基体强度等级从 C20 提高到 C30,碳化深度减小的幅度较大,约为 62%;随着碳化龄期的增大,混凝土的碳化深度明显呈上升趋势。

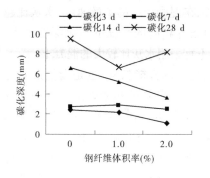

图 5-1　钢纤维体积率对混凝土
碳化深度的影响

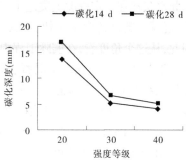

图 5-2　钢纤维混凝土(1.0%)强度
等级与碳化深度的关系

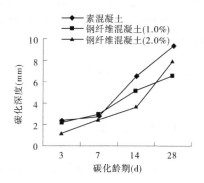

图 5-3　混凝土碳化龄期与碳化深度的关系

混凝土中钢纤维的存在,延迟了混凝土边缘裂缝的出现,限制了裂缝的扩展,对 CO_2 在混凝土中的扩散起到了抑制作用,使混凝土的碳化深度减小,随着钢纤维体积率的增加,这种作用更加明显,从而减小了混凝土的碳化深度。

混凝土强度等级(水灰比)的变化对混凝土碳化深度的影响比较明显,特别是在水灰比较大的情况下。水灰比是决定混凝土性能的重要参数,对混凝土碳化速度影响很大。众所周知,水灰比基本上决定了混凝土的孔结构,水灰比越大,混凝土内部的孔隙率越大,密实性越差,渗透性也就越大。由于 CO_2 扩散是在混凝土内部的气孔和毛细孔中进行的,因此水灰比在一定程度上决定了 CO_2 在混凝土中的扩散速度,水灰比越大,混凝土碳化速度也越快,在其他条件相同的情况下碳化深度越大。因此,从这个角度看,在实际工程中不宜采用水灰比较大的混凝土。

混凝土的抗压强度是混凝土最基本的性能指标,也是衡量混凝土品质的综合参数,它与混凝土的水灰比有非常密切的关系,并在一定程度上反映了水泥品种、水泥用量与水泥强度、骨料品种、施工质量与养护方法等对混凝土品质的影响。混凝土抗压强度高,其抗碳化能力强。

由表 5-2 和图 5-3 可以看出,碳化试件的抗压强度和未碳化试件的抗压强度均随着龄期的增长而增大,碳化试件抗压强度均比相应未碳化试件抗压强度高。也就是说,混凝土抗压强度随着碳化深度的增加而提高。这是因为随着混凝土碳化过程的进行,混凝土中的氢氧化钙逐渐转化为不溶于水的碳酸钙,使混凝土的孔隙率减小,密实度增加,从而使试件的抗压强度增大。

5.2.5　抗压强度—碳化深度方程

根据(钢纤维)混凝土的碳化深度和对应抗压强度的值,进行回归分析,可以得到抗压强度—碳化深度的方程为

$$f_c = 0.765\ 4D + 36.05 \tag{5-4}$$

式中:f_c 为混凝土碳化后的抗压强度,MPa;D 为混凝土的碳化深度,mm。

5.2.6　碳化深度—碳化龄期模型

根据不掺钢纤维的混凝土的实验数据进行回归分析,得到混凝土碳化深度和碳化龄期的关系式:

$$D = 1.4\sqrt{t} \tag{5-5}$$

式中:D 为混凝土的碳化深度,mm;t 为混凝土的碳化龄期,d。

当混凝土中掺加钢纤维,考虑到钢纤维对混凝土碳化深度的影响,在前面的公式中加一个钢纤维掺量影响系数 β,即

$$D = 1.4\beta\sqrt{t} \tag{5-6}$$

经过对钢纤维混凝土碳化深度和碳化龄期的关系进行回归分析，并把钢纤维混凝土的关系式与素混凝土进行转换，即可得到钢纤维掺量影响系数β，即

$$\beta = 1 - 190\left(\frac{W}{C} - 0.25\right)^2 \rho_f \tag{5-7}$$

式中：$\frac{W}{C}$为水灰比；ρ_f为钢纤维体积率。

经计算：当钢纤维体积率为1.0%时，$\beta = 0.93$；当钢纤维体积率为2.0%时，$\beta = 0.86$。

碳化后碳化深度及抗压强度实验值和计算值比较结果如表5-3所示。

表5-3　碳化后碳化深度及抗压强度实验值和计算值的比较

试件编号	碳化龄期（d）	碳化深度（mm）		实验值/计算值	碳化后的抗压强度（MPa）		实验值/计算值
		实验值	计算值		实验值	计算值	
D300003	3	2.4	2.42	0.992	36.8	37.89	0.97
D301003		2.18	2.182	0.999	36.91	37.72	0.98
D302003		1.17	1.77	0.66	34.77	36.95	0.94
D300007	7	2.77	3.7	0.75	40	38.17	1.05
D301007		2.92	3.33	0.88	36.18	38.28	0.95
D302007		2.48	2.7	0.92	38.64	37.95	1.02
D300014	14	6.57	5.24	1.25	36.6	41.08	0.89
D301014		5.24	4.71	1.11	41.53	40.06	1.04
D302014		3.36	3.82	0.88	42.34	38.62	1.10
D300028	28	9.41	7.41	1.27	40.92	43.25	0.95
D301028		6.6	6.67	0.99	44.58	41.10	1.08
D302028		8.1	5.41	1.50	44.03	42.25	1.04

5.2.7　碳化深度预测模型的检验

表 5-3、图 5-4、图 5-5 分别给出由式(5-2)、式(5-3)所得混凝土碳化深度、混凝土抗压强度实测值与相应试件的计算值的比较情况。(钢纤维)混凝土在规定碳化龄期(3 d、7 d、14 d、28 d)碳化深度的实验值与计算值之比的平均值 $\mu = 1.02$,均方差 $\sigma = 0.225$,变异系数 $\delta = 0.221$;(钢纤维)混凝土在规定碳化龄期(3 d、7 d、14 d、28 d)碳化深度对应的抗压强度实验值与计算值之比的平均值 $\mu = 1.000$,均方差 $\sigma = 0.061$,变异系数 $\delta = 0.061$;由此可以看出,以上实验值与计算值符合程度均较好。

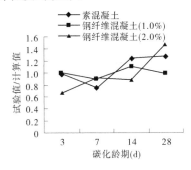

图 5-4　碳化龄期与混凝土　　　　图 5-5　碳化深度与碳化混凝土
　　碳化深度的关系　　　　　　　　抗压强度的关系

由于影响混凝土碳化深度的因素很多,相互作用比较复杂,再加上实验数据有限,对混凝土及钢纤维混凝土碳化深度计算模型的建立以及钢纤维对混凝土碳化深度影响的规律性还需要进一步的实验研究。

5.3　结　论

(1)随着钢纤维体积率的增大,钢纤维混凝土的碳化深度逐渐降低,这主要是混凝土中钢纤维的存在,对混凝土的碳化起到了抑制作用,使混凝土的碳化深度减小,随着钢纤维体积率的增加,这种作用更加明显。钢纤维的掺加改变了混凝土的性能,提高了混凝土的密实度,从而减小了混凝土的碳化深度。

(2)混凝土的抗压强度高,其碳化深度小,抗碳化能力强。

(3)混凝土抗压强度随着碳化深度的增加而提高。这是因为随着混凝土碳化过程的进行,混凝土中的氢氧化钙逐渐转化为不溶于水的碳酸钙,使混凝土的孔隙率减小,密实度增加,从而使试件的抗压强度增大。

(4)碳化钢纤维混凝土抗压强度—碳化深度公式为 $f_c = 0.765\,4D + 36.05$。钢纤维混凝土碳化深度—碳化时间公式为 $D = 1.4\beta\sqrt{t}$,β 为钢纤维体积率影响系数。其中:$\beta = 1 - 190\left(\dfrac{W}{C} - 0.25\right)^2 \rho_f$。

参考文献

[1] 高丹盈,张保河.混凝土碳化速度系数的概率模型的研究[J].工业建筑,1992(5):35-38.

[2] 张誉,蒋利学.基于碳化机制的混凝土碳化深度的实用数学模型[J].工程力学,1996(增刊):121-122.

[3] 龚洛书,苏曼青.混凝土多系数碳化议程及应用[J].混凝土及加筋混凝土,1985(6):99-100.

[4] 许丽萍,黄土元.预测混凝土中碳化深度的数学模型[J].上海建材学院学报,1991,4(4):347-356.

[5] 蒋利学,等.混凝土碳化深度的计算与试验研究[J].混凝土,1996(4):12-17.

[6] 蔡正咏.混凝土性能[M].北京:中国建筑工业出版社,1979.

[7] 龚洛书,柳春圃.混凝土的耐久性及其防护修补[M].北京:中国建筑工业出版社,1990.

[8] 牛获涛.混凝土结构的碳化模式与碳化寿命分析[J].西安建筑科技大学学报,1995,27(4):365-369.

[9] 赵国藩.工程结构可靠性理论与应用[M].大连:大连理工大学出版社,1996.

[10] 闫华玲.随机过程[M].上海:同济大学出版社,1987.

[11] 牛获涛.混凝土结构耐久性与寿命预测[M].北京:科学出版社,2003.

[12] 金伟良,赵羽习.混凝土结构耐久性[M].北京:科学出版社,2002.

第 6 章　结论与展望

　　本章对本书所做的实验研究和理论分析结果进行了总结并对有待于做的工作进行了展望。

6.1　主要结论

　　本书对钢纤维混凝土冻融和碳化性能进行了一系列的实验研究,分析了钢纤维体积率、冻融循环次数、混凝土强度等级、碳化龄期对钢纤维混凝土冻融后和碳化后的基本力学性能影响规律,建立了钢纤维混凝土碳化深度的预测模型。主要结论如下:

　　(1)当混凝土基体强度等级较高时,掺入适量的钢纤维,可以提高混凝土的抗剥落力;混凝土基体的强度等级越高,混凝土抵抗剥落的能力越强。

　　(2)随着钢纤维体积率的增加,混凝土的损伤得到了抑制,也即混凝土冻融损伤速度降低,冻融循环次数增大,提高了混凝土的抗冻融性能;混凝土基体强度等级越高,混凝土冻融损伤速度越低;冻融循环次数越多,动弹性模量下降得越快,混凝土冻融损伤得越快。

　　(3)在冻融循环次数不多的情况下,钢纤维体积率的提高,钢纤维混凝土的基本力学性能均得到了改善,对钢纤维混凝土劈拉强度和抗折强度较有利,对钢纤维混凝土抗折强度贡献最大。当冻融循环次数进一步增大,钢纤维体积率较大时($\rho_f = 2.0\%$),钢纤维混凝土基本力学性能均得到不同程度的降低,甚至低于素混凝土的强度。

　　(4)(钢纤维)混凝土的劈拉强度和抗折强度对冻害作用相对抗压强度比较敏感,尤其是抗折强度,冻融循环作用后强度降低得很快,在荷载作用下迅速破坏。

　　(5)冻融循环到一定次数后,有些试件没有质量损失,但强度特性均下降,在这种情况下,用质量损失率作为(钢纤维)混凝土试件破坏的评估指标就不合适。

(6)由于钢纤维的存在增大了混凝土的延性,普通混凝土受压或者劈拉破坏呈现脆性,破坏后试件离散;钢纤维混凝土受压或劈拉破坏后试件保持完整。

(7)混凝土基体强度等级较高时,钢纤维的掺加优化了混凝土的孔结构、空隙结构,提高了混凝土抗碳化能力。

(8)随着钢纤维体积率的增大、碳化龄期的增加,混凝土的抗压强度、劈拉强度和抗折强度均有不同程度的提高。

(9)随着钢纤维体积率的增大,钢纤维混凝土的碳化深度逐渐降低。另外,混凝土抗压强度随着碳化深度的增加而提高。

(10)将理论分析与实验结果相结合,提出了(钢纤维)混凝土抗压强度—碳化深度计算公式、(钢纤维)混凝土碳化深度—碳化龄期计算公式,按上述公式所得计算值与实验结果符合程度较好。

6.2　建议与展望

尽管本书对钢纤维混凝土的冻融性能和碳化性能做了比较系统的实验与理论研究,但由于实验方法的限制及研究内容的复杂性,目前的研究及所建立的计算公式具有一定的局限性,有待于进一步研究。

研究混凝土耐久性的目的就是要预测在不同情况下混凝土的性能,其难点是各因素作用于混凝土的破坏机制。大量的研究经验说明现有的实验方法尚无法弄清混凝土的破坏机制,无论是物理的、化学的还是力学的,其作用机制目前都处于假想阶段,有很多问题有待于研究。

冻融循环和碳化受众多因素影响,如钢纤维物理力学特征、各种因素的选取和组合、实验方法的确定、原材料的性能和产地、混凝土配合比的设计、破坏标准的制定、新拌混凝土的性能以及硬化混凝土的性能等。如果能完全弄清楚在不同条件下混凝土的破坏机制,就能从所选择材料性能的数据去计算混凝土的寿命,在不同的环境中,可以用系统中具有代表性的数据计算混凝土的耐久性。如果这种设想能够实现，就可以找到一个通用的预测方法，将研究的有代表性的试件在控制条件下进行强化实验，以确定这种材料或与之有关的材料的性质，将实验室得到的试件性能用于指导工地实验。准确提出混凝土的量化设计，需要进行大量的实验，这有待于更进一步的研究探索。

　　钢纤维混凝土在多因素共同作用下的损伤机制、钢纤维对混凝土性能改善的最佳掺量，以及混凝土在各种因素的作用下其性能随着时间变化的规律性，这些都需要我们进一步的研究。

　　由于时间相对较短，所做的工作有限，再加上作者水平还有待于提高，对实验进行的分析难免有不妥之处，还望各位学者专家批评指正。